Ralf Monnier

Baumschnitt leicht gemacht

FSC
www.fsc.org
MIX
Papier aus verantwortungsvollen Quellen
Paper from responsible sources
FSC® C105338

Diplomarbeit zum Thema: „Abschneiden von lebenden Ästen an verschiedenen Baumarten nach einer neuen Schnittmethode“
Studiengang Forstwirtschaft an der FH Hildesheim /Holzminden/Göttingen
Studienfach: Botanik / WS 2002/2003
Diplomand: Ralf Kaufmann (verh. Monnier)
Erstprüfer: Prof. Dr. Nayerah Rastin
Zweitprüfer: Prof. Dr. Franz Gruber (Institut für Forstbotanik, Uni. Göttingen)
Diplomgesamtnote 1, 3

Bibliografische Information der Deutschen Nationalbibliothek
Die Deutsche Nationalbibliothek verzeichnet diese Publikation in der Deutschen Nationalbibliografie; detaillierte bibliografische Daten sind im Internet über
http://dnb.d-nb.de abrufbar.

Buchwerkstatt Berlin
Eine Marke der Frieling & Huffmann GmbH & Co. KG
Tel. + 49 - 30 - 766 999 - 0
E-Mail: info@buchwerkstatt-berlin.de
1. Auflage 2017
Edition Avra

ISBN 978-3-946467-36-6
Printed in Germany

Inhaltsverzeichnis

Seite

1. Einleitung

Liebe Baumfreunde

Wohl kaum ein Thema in der Baumpflege wurde bisher so kontrovers diskutiert wie das korrekte Absägen von lebenden Ästen an Bäumen.

Heute belegen umfangreiche Studien aus den USA eindeutig, dass zahlreiche in der Literatur propagierte Schnitttechniken um Äste abzuschneiden schädlich für den Baum sind, weil durch sie entweder nicht nur der Ast abgetrennt, sondern zugleich auch der Stamm verletzt wird, was wiederum zu Stammdefekten führt.
Oder aber es werden Aststummel hinterlassen, die am Baum verfaulen und zahlreichen Pathogenen (Krankheitserregern), vor allem Pilzen, den Weg in den Stamm ermöglichen (SHIGO, 1986, 1990).

In dieser Arbeit geht es darum lebende Äste von Bäumen so abzuschneiden, dass weder Aststummel zurückbleiben, noch die Gewebe des Stammes verletzt werden.

Doch wo endet der Stamm und beginnt der Ast? Wo befindet sich die Ast- Stammgrenze, jene Grenze, in deren Bereich im Falle einer Astung geschnitten werden soll? In einigen Fällen, die später noch eingehend besprochen werden, ist diese Grenze deutlich mit bloßem Auge zu erkennen. Meistens ist sie jedoch nur schwer oder überhaupt nicht makroskopisch zu bestimmen.

Für diesen Fall, - der sogenannten „kragenschwachen" Äste-, wird der Versuch unternommen, mit Hilfe eines Berechnungsverfahrens, den für die baumverträgliche Astung wichtigen Schnittverlauf im Bereich der Ast-Stammgrenze mit hoher Sicherheit zu bestimmen. Daraus ergibt sich eine neue Schnittmethode, nach der in einer Versuchsreihe an verschiedenen Baumarten kragenschwache lebende Äste mit nach außen stehender Astrindenleiste, d. h. ohne eingewachsene Rinde in der Astgabel abgeschnitten werden.
Nach ihrem Stärkeverhältnis zur Stammachse werden die Äste in 3 Klassen unterteilt: Mittlere Äste, starke Äste und Zwiesel (kodominante Achsen).

Das Maß für einen korrekten, baumverträglichen Schnitt im Bereich der Ast- Stammgrenze ist ein vom Wundrand ausgehender, geschlossener Kallusring, der sich innerhalb einer Vegetationsperiode bildet und sich Jahr für Jahr weiter über die Wunde schiebt, bis diese schließlich ganz überwallt ist.
Bei einer Verletzung des Stammes weist der sich bildende Kallusring in der Regel Unterbrechungen auf. Werden Aststummel hinterlassen entsteht in der Regel kein Kallus um die Schnittfläche (SHIGO, 1986, 1990).

Die Ausarbeitungen sollen eine Orientierungshilfe für den Baumpfleger sein und es zudem dem Privatmann ermöglichen mit der vorgestellten neuen Schnittmethode einfach, schnell und sicher mit ein wenig Geschick die Astung des Baumes im eigenen Garten selbst in die Hand zu nehmen.
Zudem kann die neue Schnittmethode für den forstlichen Bereich eine Rolle spielen, wenn es darum geht bei Wertastungsmaßnahmen, speziell im Laubholz, vor allem bei der Entnahme von Starkästen und Zwieseln, Stammdefekte zu vermeiden.

Ziel dieser Arbeit ist es nicht, den Leser mit für die Sache vernachlässigbaren Details zu beladen.
Um das Thema verstehen zu können, bei dem es zentral darum geht lebende Äste abzuschneiden ohne den Stamm zu verletzen und ohne Aststummel zu hinterlassen, sind jedoch gewisse anatomische und baumphysiologische Kenntnisse notwendig.
Dabei soll verständlich gemacht werden, auf welche Weise Äste mit dem Stamm verbunden sind (Kapitel 2. 6).
Da Bäume beim Absägen von lebenden Ästen zwangsläufig verletzt werden, geht es in diesem Zusammenhang auch um die Darstellung verschiedener Wundreaktionen (Kapitel 2. 5).
Um diese Wundreaktionen begreifen zu können sind wiederum Grundkenntnisse über die Funktionen und die Zusammensetzung der beiden Leitgewebe von Ast und Stamm notwendig (Kapitel 2. 3 und 2. 4).
Zu Beginn erfolgt ein kurzer Überblick über den groben Aufbau eines Baumes und der Funktion seiner wichtigsten Teile (Kapitel 2. 1 und 2. 2).
Wem zum Studieren dieser Grundlagen Zeit oder Muße fehlt, dem reicht für die praktische Anwendung zum richtigen Asten lebender Äste der Inhalt des 3. Kapitels, in

dem die wichtigsten Details dargestellt sind und die neue Schnittmethode vorgestellt wird.

2. Allgemeine Angaben über Aufbau und Physiologie des Baumes

2. 1 Wie ist ein Baum aufgebaut?

Bäume bestehen aus zahlreichen Teilen, auch Organe genannt und diese Organe wiederum aus verschiedenen Geweben, strukturierten, funktionalen Einheiten, die bestimmte Aufgaben übernehmen.
Gewebe wiederum bestehen aus einem oder mehreren Zelltypen, den kleinsten Bausteinen der Bäume (RAVEN et al., 1988).

2. 2 Einfache Darstellung und Funktionen der Organe des Baumes

Ein jeder kennt die wichtigsten Organe des Baumes bereits als Wurzel, Stamm, Äste, Blätter, Blüten, Früchte und Rinde.

Die **Wurzel** dient zum einen der Verankerung des Baumes im Boden und zum anderen der Aufnahme von Wasser und den darin gelösten Nährelementen.
Über das Holz von **Stamm** und **Ästen** wird das Wasser von der Wurzel bis in die **Blätter** geleitet, wo die gelösten Nährelemente mit Hilfe von Sonnenenergie, Wasser und Blattgrün (Chlorophyll) in Zucker umgewandelt werden, der Grundnahrung des Baumes. Dieser Zucker wird nach der Bildung, von den Blättern in gelöster Form über die innere **Rinde** stammabwärts transportiert. Er versorgt die lebenden Zellen mit Energie und dient in den Wachstumszonen als Baumaterial für die einzelnen Zellelemente.
Überdies wird der Zucker in Holz und Rinde in Form von Stärke gespeichert.
Die **Blüten** dienen der Bestäubung, die **Früchte** und Samen der Vermehrung des Baumes, der Weitergabe des genetischen Materials (BRAUN, 1998).

2. 3 Wichtige Gewebe von Ast und Stamm und ihre Funktionen

Ast und Stamm bestehen im Wesentlichen aus den beiden Leitgeweben, dem **Bast,** auch innere Rinde oder wissenschaftlich Phloem genannt und dem **Holz,** wissenschaftlich Xylem.
Nach der Lage im Pflanzenkörper unterscheidet man primäres und sekundäres Phloem und Xylem, wobei erstgenanntes durch die Aktivität von an den Spitzen von Sprossen und Wurzeln sitzenden Teilungsgeweben, den **Vegetationspunkten** gebildet wird, die für das Längenwachstum verantwortlich zeichnen.
Sekundäres Phloem und sekundäres Xylem werden vom **Kambium** gebildet, einem weiteren meristematischen Gewebe (Folgemeristem), das für das Dickenwachstum verantwortlich ist und zwischen sekundärem Phloem und sekundärem Xylem liegt. Das Kambium besteht aus einem Ring von Stammzellen (Initialen), die durch fortlaufende Teilung Produkte (Derivate) bilden, welche nach innen abgegeben zu den verschiedenartigen Zellen des sekundären Xylems ausdifferenzieren. Nach außen abgegeben entstehen die Zellen des sekundären Phloems. Auf diese Weise wird der Umfang des Baumes in den Wachstumsperioden ständig erweitert.
Das **Xylem** ist das Hauptwasserleitgewebe. In ihm werden auch die Nährsalze transportiert. Außerdem dient es der Speicherung von Stoffen und hat Stützfunktion. Mit der Zeit verliert das aktive Xylem, das auch als Splintholz bezeichnet wird, vom Stammzentrum ausgehend seine Funktion als Transport- und Speichergewebe. Dieses inaktive Xylem nennt man Kernholz.
Das **Phloem** ist das wichtigste Leitgewebe für den Transport von Assimilaten und besitz zudem ebenfalls Speicherfunktion. Beim primären Pflanzenkörper wird es nach außen durch die Epidermis begrenzt, die beim sekundären Pflanzenkörper (sekundäres Dickenwachstum) im Zuge der Umfangserweiterung durch das Periderm ersetzt wird (RAVEN et al. 1988).
Sekundäres Phloem und sekundäres Xylem sind über das Kambium hinaus durch radial angeordnete Stränge von **Parenchymgewebe,** den sogenannten Strahlen miteinander verbunden, die bei Laubbäumen ihrerseits zusätzlich über axial angeordnete parenchymatische Verbindungen innerhalb der beiden Leitgewebe vernetzt sind. In den Strahlen werden die Assimilate vom sekundären Phloem über das Kambium hinweg bis ins sekundäre Xylemparenchym transportiert und dort, bei Laubbäumen außerdem im axialen Parenchymnetz, verteilt. Ebenfalls über die Strahlen

erfolgt entgegengesetzt ein Wassertransport vom Xylem ins Phloem (BRAUN, 1998). In **Abb. 1** sind die Gewebe im Stammquerschnitt dargestellt.

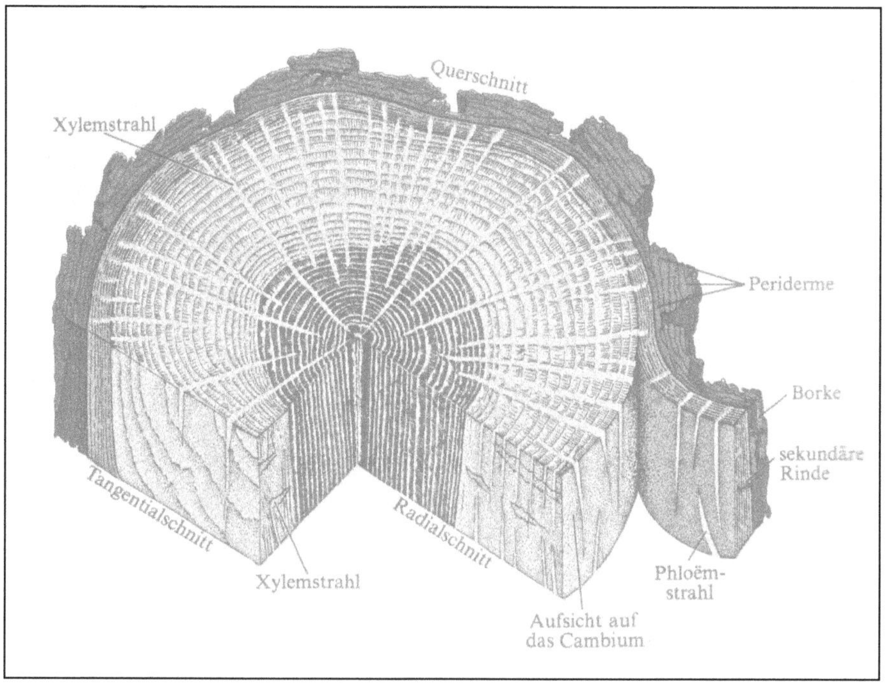

Abb. 1

Blockdiagramm vom Stamm der Roteiche (Quercus rubra) mit Blick auf Querschnitt, Tangentialschnitt und Radialschnitt. Die dunkle Zone im Zentrum des Stammes ist Kernholz, das hellere Holz ist Splintholz.

(Raven et. al., 1988)

2. 4 Die Zellen von Ast und Stamm und ihre Funktionen

2. 4. 1 Die Zellen des Holzes (Xylem) und ihre Funktionen

Zu den grundlegenden Zellen des Holzes gehören **Tracheiden, Gefäßelemente, Fasern** und **Parenchymzellen (Abb. 2**, S. 7**).**

Tracheiden sind axial langgezogene, dickwandige, verholzte Zellen, die der Wasserleitung und Festigung im Holz dienen und somit eine Doppelfunktion erfüllen.
Die einzelnen Zellen sind an den Enden zugespitzt und überlappend, quasi zusammengesteckt und bilden somit ein zusammengesetztes Wasserleitsystem. Übereinanderliegende und benachbarte Zellen sind über Tüpfel in den Wänden miteinander verbunden, die neben dem axialen Wassertransport auch den Wasseraustausch in radialer und tangentialer Richtung von einer Tracheide zur nächsten ermöglichen. Tracheiden sind die einzigen Wasserleitelemente der primitiveren Nadelbäume und machen dort den Hauptanteil des Holzes aus (BRAUN, 1998).

Das Holz der entwicklungsgeschichtlich jüngeren und weiterentwickelten Laubbäume unterscheidet sich von dem der Nadelbäume vor allem durch das Vorhandensein von Gefäßen (Tracheen).

Gefäße (Tracheen) bestehen aus mehreren hintereinanderliegenden Zellen, den Gefäßelementen, welche wie die Tracheiden axial langgestreckt und verholzt, jedoch entgegen zu diesen dünnwandiger und einzig für die Wasserleitung konzipiert sind. Die einzelnen Zellen sind an ihren Enden über Perforationsplatten miteinander verbunden und bilden ein geschlossenes Röhrennetz. Normalerweise treten Perforationen nur an den Endwänden der Gefäßelemente auf, sie können jedoch auch an den Seitenwänden vorkommen. Ansonsten sind benachbarte Gefäße während ihres Längsverlaufs über zahlreiche Tüpfel, die jedoch anders als die der Tracheiden keine Schließhäute besitzen, oftmals zu Gefäßgruppen verbunden.
Im derart zustande kommenden Gefäßnetz ist wie im Tracheidengewebe, neben dem axialen Wassertransport ein Wasseraustausch in radialer und tangentialer Richtung gewährleistet (BRAUN, 1998). Der Wassertransport von Gefäßelement zu Gefäßelement erfolgt über die Perforationen ungehinderter und somit effektiver und schneller als in den Tracheiden, bei denen das Wasser erst die Tüpfelschließhäute passieren muss (RAVEN et al., 1988).

Fasern sind langgestreckte, meist dickwandige verholzte Zellen, die eine Stütz- und Festigungsfunktion erfüllen und nur bei Laubbäumen vorkommen (BRAUN, 1998). Neben Tüpfeln in den Endwänden (Libriformfasertyp) können auch zusätzlich Tüpfel in den radialen Seitenwänden vorkommen (Fasertracheidentyp)(WAGENFÜHR, 1999). Im toten Zustand sind die Fasern mit Luft oder Wasser (Wasserspeicherfunktion) gefüllt. Bei manchen Baumarten sind die Fasern im ausgewachsenen Zustand lebend und dienen dann zusätzlich der Speicherung von organischen Stoffen (siehe auch Parenchymzellen)(BRAUN, 1998).

Parenchymzellen sind dünnwandige, kugelig bis langgestreckte Zellen, die der Speicherung, Umwandlung und dem Transport von Nährstoffen dienen (SCHWARZE, 1999). Parenchymzellen sind als axiale (gefäßbegleitend) und radiale Strukturen (Strahlen), die untereinander vernetzt sind im Holz angeordnet und haben über Tüpfel Kontakt zu den wasserleitenden Zellen in ihrer unmittelbaren Nachbarschaft. Im

Holz der einheimischen Nadelbäume sind Parenchymzellen nur als radial verlaufende einreihige Strahlen vorhanden (BRAUN, 1998).

Tracheiden und Gefäßelemente leben nur einige Wochen und sind im ausgereiften Zustand tot, während das axiale und radiale Parenchym im ausgereiften Zustand lebend ist und bei manchen Baumarten mehr als 100 Jahre am Leben bleiben kann. Fasern sind in der Regel, aber nicht immer, im ausgereiften Zustand tot.
Verglichen mit den Transportzellen und Fasern sind die Parenchymzellen sehr klein. Holz besteht aus einer wohlgeordneten Ansammlung von lebenden und toten Zellen mit Wänden aus Zellulose und Lignin (SHIGO, 1990).

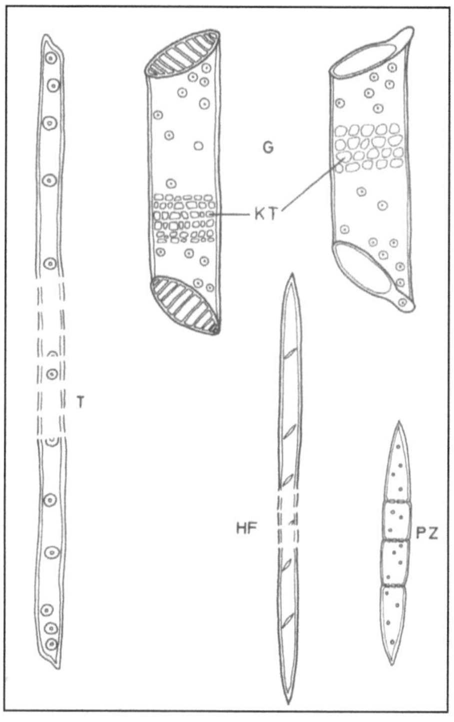

Abb. 2

Die wichtigsten Zellen des Holzes.

T=Tracheide
G=Gefäße, links mit mehrfacher (leiterförmiger bzw. perforierter), rechts mit einfacher Durchbrechung der Endwände.
KT=Kontakttüpfel, die eine enge Verbindung zwischen den lebenden Zellen (Kontaktzellen) eines Holzstrahles mit den wasserführenden, toten Gefäßzellen herstellen.
HF= Holzfaser
PZ= Parenchymzelle

(Braun, 1998)

2. 4. 2 Die Zellen des Bastes (Phloem) und ihre Funktionen

Das Phloem besteht aus den Siebelementen von denen es zwei Sorten gibt. Es sind dies die **Siebzellen** und **Siebröhrenelemente.** Verschiedene Ansichten eines Siebröhrenelements sind in den **Abb. 3 u. 4** auf S. 9 dargestellt.
Das Wort Sieb bezieht sich auf die Anhäufung von Poren (sog. Siebporen) an bestimmten Wandpartien, den Siebfeldern. Über diese Poren werden die Protoplasten benachbarter Siebelemente durch Protoplasmafäden miteinander verbunden.

Bei den **Siebzellen** sind die Siebporen eng und die Siebfelder sind auf allen Wandpartien ziemlich einheitlich gestaltet. Die meisten Siebfelder befinden sich auf den einander überlappenden Enden der langen, schlanken Siebzellen.

Bei den **Siebröhrenelementen** haben die Siebfelder auf einigen Wänden größere Siebporen als auf anderen Wänden derselben Zelle. Denjenigen Teil der Wand, der Siebfelder mit größeren Siebporen trägt, bezeichnet man als Siebplatte. Obwohl Siebplatten auf jeder Wand vorkommen können, befinden sie sich normalerweise an den Endwänden. Eine Längsreihe von End an End zusammenstoßenden Siebröhrenelementen bezeichnet man als Siebröhre.

Der Hauptunterschied zwischen Siebzellen und Siebröhrenelementen liegt darin, dass Siebröhrenelemente Siebplatten besitzen, Siebzellen hingegen nicht. Nadelbäume besitzen nur Siebzellen für den Assimilattransport, Laubbäume hingegen besitzen keine Siebzellen, sondern Siebröhrenelemente (RAVEN et al., 1988).

Die Funktion der **Parenchymzellen** im Phloem ist denen im Xylem ähnlich, jedoch erfolgt ihre Ausrichtung dort auch bei Nadelbäumen neben der radialen zusätzlich axial (BRAUN, 1998).

Die Siebelemente im Phloem sind überdies zusätzlich mit besonderen parenchymatischen Elementen assoziiert. Bei den Siebzellen sind dies bestimmte **Eiweißzellen**, bei den Siebröhrenelementen **Geleitzellen**. Von beiden nimmt man an, dass sie eine Rolle spielen beim Stofftransport in die Siebelemente hinein und aus diesen heraus (RAVEN et al., 1988).
Auch **Fasern** können im Phloem vorkommen und haben wie die im Xylem Stütz, -Festigungs- und manchmal Speicherfunktion (RAVEN et al., 1988).

Nur die inneren Siebelemente des sekundären Phloems leiten Assimilate, die weiter außen liegenden werden im Zuge des sekundären Dickenwachstums mit der Zeit zerdrückt und vom restlichen sekundären Phloem durch ein neu gebildetes Periderm abgetrennt. Im Gegensatz zu den Wasserleitzellen im Xylem sind die Zellen zur Assimilatleitung im Phloem lebend (RAVEN et al., 1988).

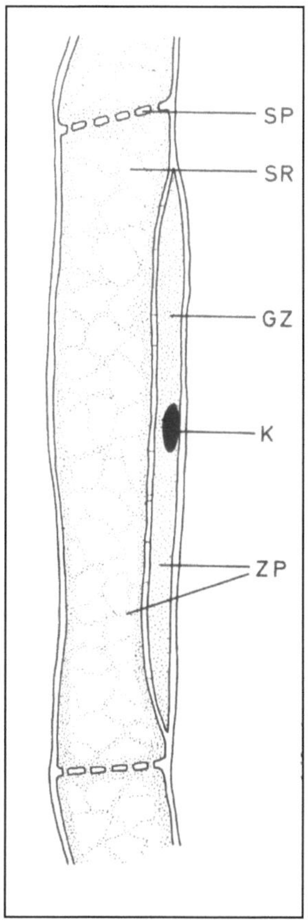

Abb. 3

Siebröhre mit Geleitzelle.

SR=Siebröhre
GZ=Geleitzelle
SP=Siebplatte mit Siebporen
K=Zellkern
ZP=Zytoplasma

(aus Braun, 1998, nach Resch, verändert)

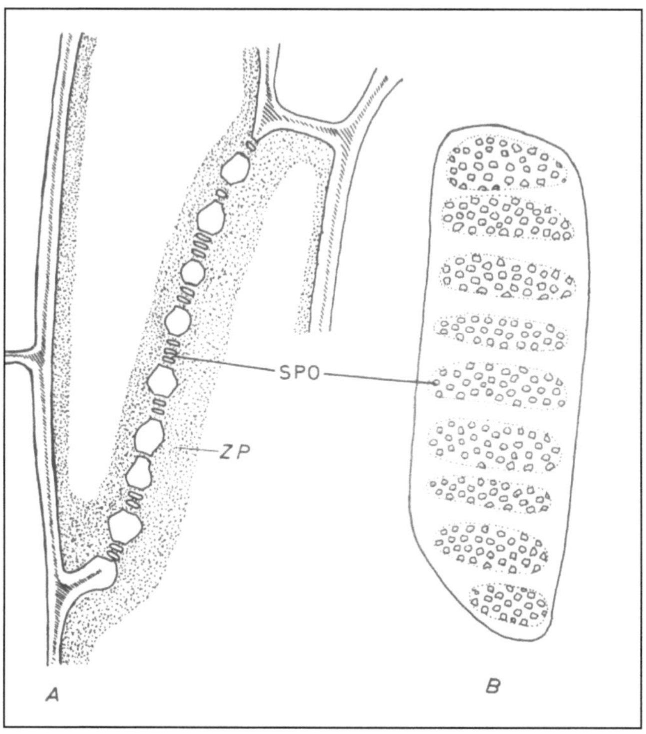

Abb. 4

Siebröhre mit einer schräggestellten Endwand (A), die mit zahlreichen Siebporen versehen ist, die in mehrere Siebporenfelder zusammengefasst sind (B).

SPO=Siebporen
ZP=Zytoplasma

(aus Braun, 1998 nach de Bary)

2. 5 Wundreaktionen bei Bäumen

In diesem Kapitel geht es um die Darstellung verschiedener Abwehrmechanismen des Baumes bei Verletzung von Stamm und Ästen. Diese Abwehrmaßnamen lassen sich am verständlichsten anhand der Anatomie der betroffenen Gewebe Phloem, Xylem und Kambium veranschaulichen, die in Kapitel 2. 3 und 2.4 beschrieben wurden.

2. 5. 1 Können Bäume Wunden heilen?

Bäume bilden durch die Aktivität von Bildungsgeweben (teilungsfähigen Zellen) Dauergewebe, u. a. auch die Leitgewebe Bast und Holz. In diesen können verletzte und zerstörte Zellen nicht regenerieren oder ersetzt werden. Es bilden sich keine neuen Zellen an Stelle von Alten.
Bäume können keine Wunden heilen. Bäume isolieren geschädigte und infizierte Gewebe zum gesunden und funktionsfähigen Pflanzenkörper hin ab. Dieser Vorgang wird auch als Kompartimentierung oder Abschottung bezeichnet (SHIGO & MARX, 1977; SHIGO, 1986,1990). Das Primäre Ziel des Baumes bei Verletzung ist der Schutz der beiden Leitgewebe vor einem Lufteinbruch und dem daraus resultierenden Funktionsverlust durch Embolien. Die Abwehr von Pathogenen wird als sekundär angesehen (BODDY & RAYNER, 1983).

Man unterscheidet folgende Arten der Kompartimentierung/Abschottung:

1. **Eine mechanische**, bei der durch die Auslösung eines simplen Mechanismus automatisch, ohne das Zutun des Baumes, ein physikalischer Verschluss der Tracheiden erfolgt (bei Nadelbäumen).
2. **Eine physiologische**, bei welcher der Baum durch die Aktivierung von lebenden Zellen Wundprogramme einleitet, in Form von chemischer, physikalischer und anatomischer Abwehr. Kompartimentierungsvorgänge, an denen lebende Zellen beteiligt sind führen durch die Stoffeinlagerungen zu verfärbten Geweben (SCHWARZE, 1999).

Man sollte wissen, welche der Zellen der tangierten Gewebe im ausgereiften Zustand lebend sind und welche nicht, denn eine physiologische und somit aktive Reaktion des Baumes auf Verletzung beschränkt sich ausschließlich auf Zellen mit lebendem Protoplasten (SHIGO, 1986, 1990; SCHWARZE, 1999).

2. 5. 2 Kompartimentierung im Bast, Splintholz, Kernholz und Kambium

2. 5. 2.1 Kompartimentierung im Bast

Bei einer Verletzung des Bastes (Phloem) erfolgt eine aktive, physiologische Reaktion in den lebenden Zellen, den Parenchymzellen und Siebelementen (SHIGO, 1990).

Reicht die Verletzung nicht bis ins Kambium, so wird nur der geschädigte Phloembereich linsenförmig abgeschottet. Am Wundrand sterben die Parenchymzellen innerhalb weniger Tage ab, weiter entfernte Zellen lignifizieren (verholzen), oft verbunden mit zusätzlicher Suberinisierung (Korkstoffeinlagerung), wodurch sich das funktionsfähige Gewebe gegen das absterbende abgrenzt (HUDLER, 1984; BIGGS, 1985, 1987; TROCKENBRODT, 1991; zit. in DUJESIEFKEN, 1995). Bei den Siebelementen im Wundumkreis kommt es zu einer Anreicherung von Callose in die Siebporen, die dadurch verstopft werden (RAVEN et al. 1988; SHIGO, 1986, 1990). Nadelbäume, die über Harzkanäle im Phloem verfügen beginnen zu harzen (näheres dazu nachfolgend in Kapitel 2. 5. 2. 2).

Zudem erfolgen im Bast durch die Parenchymzellen auch strukturelle Änderungen: Im Übergangsbereich vom verfärbten, nicht funktionsfähigen Gewebe zum funktionsfähigen Gewebe, teilen sich einige angrenzende Zellen parallel zum Wundrand und bilden ein Wundperiderm, das wellenförmig durch den Bast verläuft und sich dort an das jüngste Periderm anschließt (KOWOL, 1987; TROCKENBRODT & LIESE, 1991). Beide, Wundperiderm und Periderm sind in ihrem Aufbau ähnlich **(Abb. 5**, S. 12**)**.

Abb. 5

Nach Verletzung entsteht im bereits ausdifferenzierten Bast ein wellenförmiges Wundperiderm (Linde, 1 Jahr nach Verwundung).

(aus Dujesiefken, 1995. Foto: T. Kowol))

2. 5. 2. 2 Kompartimentierung im Splintholz

In den Tracheiden der entwicklungsgeschichtlich älteren Nadelbäume ist die Kompartimentierung sehr einfacher Natur, ohne Bindung an physiologische Prozesse.
Bei den Tracheiden des gesunden wasserleitenden Splintholzes wird die Tüpfelschließhaut durch zahlreiche wasserundurchlässige Mikrofibrillen in einer Mittelstellung gehalten. Wasser kann über die Tüpfelöffnung von einer Tracheide zur benachbarten transportiert werden. Die flexible Tüpfelschließhaut ist in der Mitte verdickt (Torus) und wird bei einem Lufteinbruch durch den Sog des Transpirationsstromes an die Tüpfelöffnung (Porus) gezogen **(Abb. 6**, S. 13**)**. Dieser physikalische Verschluss erfolgt somit rein mechanisch und Energie unabhängig. Der Mechanismus ist vergleichbar mit der Wirkungsweise eines Plättchenventils in einer Luftpumpe.
Außerdem bilden viele Koniferen Harzgänge im Holz, die aus einer Scheide aus Epithelzellen umgeben sind. Epithelzellen sind lebende Zellen, die nach einem Lufteinbruch Harz bilden und unter Druck in den Harzkanal ausscheiden.
Axial ausgerichtete Harzkanäle sind mit den in den Holzstrahlen radial verlaufenden Harzgängen dreidimensional vernetzt. Das Harz hat unter anderem pilzhemmende Wirkung (SCHWARZE, 1999).

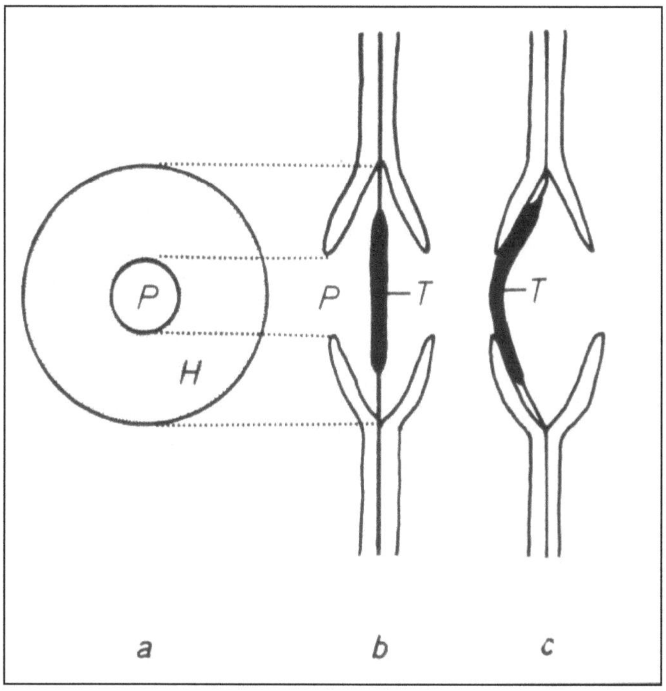

Abb. 6

Schematische Darstellung des Hoftüpfels.

a=Aufsicht
b=Längsschnitt eines offenen Tüpfels
c=Längsschnitt eines verschlossenen Tüpfels
P=Porus
H=Hof
T=Torus

(Dujesiefken 1995)

Im Gegensatz zu den Nadelbäumen sind die Kompartimentierungsvorgänge in den entwicklungsgeschichtlich jüngeren Laubbäumen stets an physiologische Prozesse gebunden. Die Reaktionen lebender Zellen hängen von der Verfügbarkeit von Reservestoffen und deren Mobilisierbarkeit ab, die wiederum an bestimmte Temperaturen geknüpft ist. Die Vielfalt im holzanatomischen Aufbau der Laubbäume hat zu einer maßgeblichen Differenzierung der Reaktionsmechanismen geführt. Zum einen werden Thyllen gebildet **(Abb. 7**, S. 14**)**. Thyllen sind ballonartige Auswüchse von Parenchymzellen, die über Tüpfel in das Zelllumen des Gefäßes hineinwachsen und dieses verschließen. Die Zellwände der Thyllen sind häufig nicht nur lignifiziert (verholzt), sondern enthalten bei manchen Baumarten auch Suberin (Korkstoff) (PEARCE & HOLLOWAY, 1984; PARAMESWARAN et al., 1985; PEARCE, 1990; zit. in SCHWARZE, 1999).

Suberin ist wie Lignin eine phenolische Substanz, die nicht nur ausgezeichnete Luftabweisende Eigenschaften besitzt, sondern auf einen Pilzabbau auch stark hemmend wirkt. Die Thyllenbildung erfolgt nur bei bestimmten Temperaturen (oberhalb von 5-10 C°) und Jahreszeiten (JURASEK, 1958, zit. in SCHWARZE, 1999), was im Winter zu stark verzögerten Reaktionen führt. Voraussetzung für eine Thyllenbildung ist, dass der Mindestdurchmesser der Tüpfel mindestens 8 µm beträgt (LIESE & DUJESIEFKEN, 1995; zit. in SCHWARZE, 1999). In Baumarten, die kleinere Tüpfel besitzen, z. B. Ahorn, Linde, Birke, werden die Gefäße nicht verthyllt, sondern ander-

weitig verschlossen. In Linde und Ahorn scheiden die Parenchymzellen Substanzen in die Gefäße aus, die sie pfropfenartig verstopfen (BAUCH et al., 1980; zit. in Schwarze, 1999).
Die Perforationen der Gefäßwände werden hautartig überzogen (CHOVANEC & KORYTAROVA, 1985; SCHMITT & LIESE, 1990; SCHMITT & LIESE, 1997).

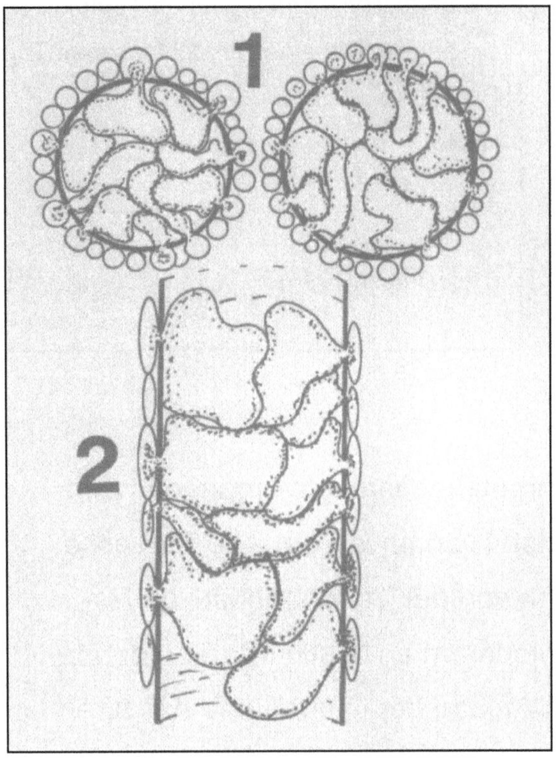

Abb. 7

Verthylltes Gefäß,

1 im Querschnitt,
2 im Längsschnitt.

(Shigo, 1990)

2. 5. 2. 3. Kompartimentierung im Kernholz

Im Gegensatz zum Splintholz besteht das Kernholz aus toten Zellen. Durch das Fehlen von lebenden Parenchymzellen ist somit eine aktive Reaktion auf Verletzung und Holzpathogene ausgeschlossen (SCHWARZE, 1999). Bei vielen Baumarten enthält das Kernholz jedoch Einlagerungen, die fungizide Wirkung haben. Außerdem sind bei vielen Baumarten die Gefäße verthyllt (SCHWARZE, 1999). Darüber hinaus sind die Tracheiden mechanisch verschlossen (s. Kapitel 2. 5. 2. 2).

2. 5. 2. 4 Kompartimentierung bei einer lokalen Verletzung des Kambiums

Bei einer Verletzung des Kambiums stirbt dieses im direkten Wundbereich ab (DUJESIEFKEN, 1995). Im darunterliegenden Splintholz kommt es zu den bereits beschriebenen verschiedenen Abschottungen.
Das Kambium selbst beginnt nach der Verletzung, von den noch lebenden Zellen im Wundrandbereich ausgehend, im Jahrring mit der Bildung einer Barrierezone. Die Barrierezone ist ein mit pilzwidrigen Substanzen angereichertes Gewebe, das nicht nur chemisch modifiziert ist, sondern auch anatomisch (TIPPET& SHIGO, 1980, 1981; PEARCE & RUTHERFORD, 1981; PEARCE, 1990; zit. in Schwarze, 1999). Die Barrierezone weist einen geringeren Gefäßanteil und einen höheren Anteil parenchymatischer Zellen auf und grenzt das zum Zeitpunkt der Verletzung bereits gebildete Holz gegen das nach der Verletzung gebildete Holz ab (SHIGO 1986). Am Wundrand reagiert das verletzte Kambium mit einer verstärkten Zellbildung, dem Kallus, um den freigelegten Holzkörper zu überwallen. Zugleich ändert sich die Zelldifferenzierung in Wundnähe: Bei Nadelbäumen kann das neue Holzgewebe traumatische Harzkanäle entwickeln, - auch Wundholz genannt -, bei Laubbäumen entstehen weniger und kleinere Gefäße sowie mehr Axialparenchym. Das in weiterer Entfernung vom eigentlichen Kallus gebildete Wundholz enthält ebenfalls vermehrt Parenchymzellen und weniger Gefäße. Die Gefäßglieder sind unregelmäßig geformt und kürzer und schmaler als unter normalen Umständen. Die Fasern sind zumeist kürzer und dünnwandiger als normal, ihr Anteil kann gegenüber der Norm vermindert oder unverändert sein (SHARON, 1973; MOORE, 1978; RADEMACHER et al., 1984). Diese anatomischen Veränderungen des Wundholzes sind in Wundnähe am stärksten ausgeprägt, mit zunehmender Entfernung erfolgt wieder eine normale Zelldifferenzierung. Die Holzstrahlen sind am seitlichen Wundrand zumeist breiter ohne streng radiale Ausrichtung. Am oberen und unteren Wundrand ändert sich zudem die Orientierung des Wundgewebes. Der Kallus wächst hier in radialer Richtung über die Wundfläche und dementsprechend verlaufen auch die Holzstrahlen axial bis zum Verschließen der Wundfläche. Diese Richtungsänderungen erfolgen ebenso in der neugebildeten Rinde. Auch sie besitzt einen höheren Anteil an Parenchymzellen (DUJESIEFKEN, 1995).

In **Abb. 8** sind die Kompartimentierungsvorgänge (ohne Phloem) zusammenfassend dargestellt.

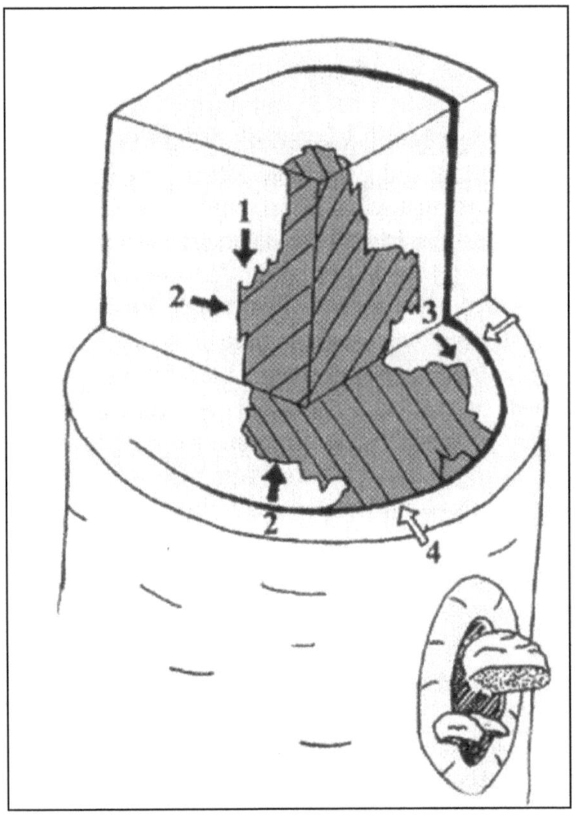

Abb. 8

Voranschreitende Holzzersetzung nach einer Stammverletzung.
Die Barrierezone (weiße Pfeile) trennt das verfärbte Gewebe der Reaktionszone von dem neugebildeten, gesunden Gewebe abrupt ab.

(Schwarze, 1999)

2. 6 Die Verbindung von Ast und Stamm

2. 6. 1 Energiefluss: Verteilung, Um- und Einbau der Assimilate

Der Stamm dient als Träger von Ästen, Zweigen, Blättern, Blüten und Früchten. Ähnlich wie die Masten eines Segelschiffes die einzelnen Segel in den Wind halten, so sind die Äste dazu da zur Vergrößerung der Assimilationsoberfläche die Gesamtheit der Blätter in die Sonne zu halten.

Die Blätter produzieren Assimilate, die über die Siebzellen und Siebröhren des Phloems (innere Rinde) der Zweige, Äste und des Stammes bis zu den Wurzeln geleitet und in den Wachstumszonen (Vegetationspunkte, Kambium) zu neuen Zellen umgebaut werden (BRAUN, 1990).
Der Einbau der Assimilate und somit das Wachstum des Baumes, erfolgt demnach basipetal, zur Basis (zum Ursprung) hin gerichtet (SHIGO, 1986, 1990).

Über das radiale Strahlenparenchym gelangen die Assimilate vom Phloem über das Kambium bis ins Xylemparenchym, in dem ihre weitere Verteilung bei Laubbäumen über axiale parenchymatische Verbindungen erfolgt. Durch die Assimilate werden die lebenden Zellen mit Energie versorgt. Ein Teil dieser Energie wird in den Parenchymzellen in Form von Stärke gespeichert (BRAUN, 1998).

2. 6. 2 Entstehung von Ästen und ihre anatomische Verbindung mit dem Stamm

Weil die Assimilatverteilung nicht gegen die Basis (den Ursprung) erfolgt, haben Äste auch keine direkte Verbindung zum oberen Stammteil.
Das bedeutet, dass jeder Ast zunächst sich selbst versorgt und danach die unter ihm gelegenen Gewebe des Stammes, mit denen er in Verbindung steht (SHIGO, 1986, 1990).

2. 6. 2. 1 Entstehung von Ästen

Äste entstehen in der Regel aus den Vegetationspunkten (Knospen), die in den Blattachseln der jungen Triebe gebildet werden und vom Mark im Zentrum der Sprossachse durch eine Markscheide getrennt sind (BRAUN, 1998).
Äste nehmen somit ihren Ursprung im Zentrum ihrer Achse. Durch das Dickenwachstum wächst der Ast an seiner Basis quasi jedes Jahr ein kleines Stück in den Stamm ein.
Wie genau dies geschieht und wie Ast und Stammgewebe miteinander verbunden sind, wird nachfolgend nach SHIGO (1990) beschrieben.

2. 6. 2. 2 Die Verbindung von Ast und Stamm

In **Abb. 9** ist ein auseinandergezogener Zuwachsring dargestellt. Im Frühjahr bildet sich neues Astgewebe durch die Assimilatverteilung meist vor dem Stammgewebe. Bei der Entwicklung des Astgewebes zur Basis hin machen die Gewebe eine plötzliche Wendung nach unten und bilden einen Kragen (1).

Dieser neue Astkragen legt sich über das bereits im Ast vorhandene Gewebe (3). Die später entstehenden Stammgewebe umschließen den Astkragen mit einem Stammkragen (2). Unterhalb der Kragen entstehen Verbindungen zwischen Ast- und Stammgewebe (4). Ast und Stammgewebe zusammen werden gemeinhin als Astkragen bezeichnet.

Man beachte bitte, dass es sich hierbei nur um eine graphische Ansicht handelt. In vielen Fällen sind die Kragengewebe miteinander vermischt und nicht so deutlich zu unterscheiden.

Wasser und Nährstoffe für den Ast bewegen sich in dessen eigenen Geweben (1). Wasser und Nährelemente für das oberhalb des Astes liegende Holz bewegen sich nach oben durch den Stammkragen (2). Die Kragen sind Umladezonen für den Transport. Ähnliche Zonen dirigieren im Phloem die Photosyntheseprodukte von oberhalb des Astes nach unten um den Ast herum. Oberhalb und unterhalb des Astes existieren seitliche Verbindungen (4) (SHIGO, 1990).

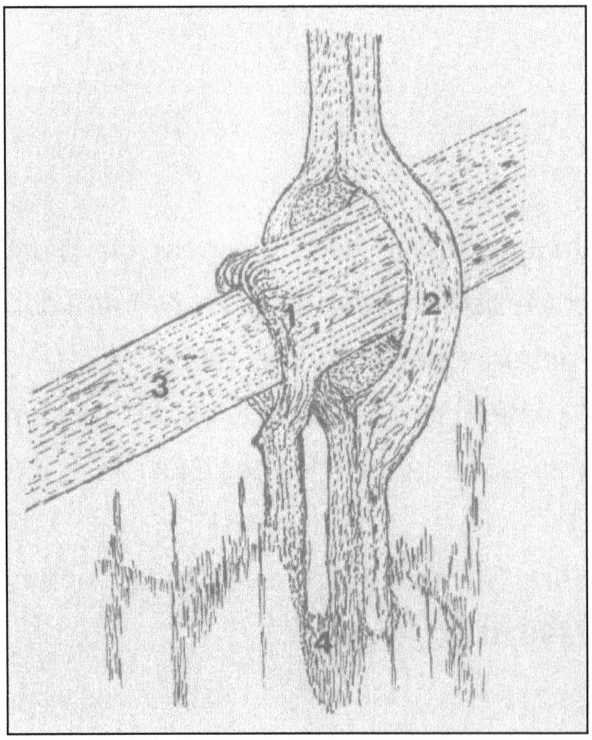

Abb. 9

Die Verbindung von Ast und Stamm

(Shigo, 1990)

2. 6. 2. 3 Der natürliche Zielpunkt für den korrekten Schnitt

Die Grenze, an der Ast- und Stammgewebe ineinander laufen, bildet den natürlichen Zielpunkt für den korrekten Schnitt, da auf diese Weise weder eine Verletzung des Stammes erfolgt, noch Aststummel zurückbleiben. Es gibt demnach nach SHIGO (1990) keinen allgemeingültigen Schnittwinkel, da die korrekte Schnittführung durch die Größe des Astkragens **(Abb. 10)** bestimmt wird, welcher groß (1), mittel (2) oder flach (3) sein kann.

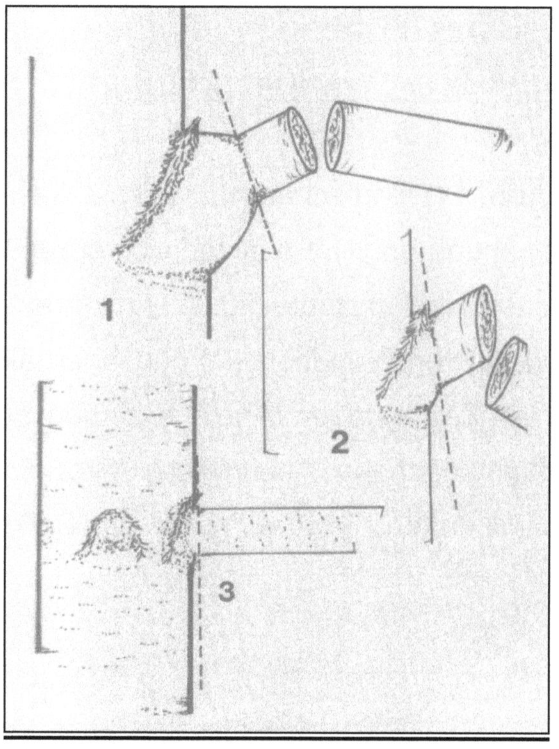

Abb. 10
Es gibt keinen festen Schnittwinkel
(Shigo, 1990)

2. 6. 2. 4 Der Astkragen, - eine wichtige Schutzzone des Baumes

Der Astkragen stellt ein natürliches Abwehrsystem des Baumes dar, das beim Tod des Astes aktiviert wird. Innerhalb der Kragen entsteht eine Schutzzone (Kompartimentierungsvorgänge, s. Kapitel 2. 5. 2. 2), die bei Laubbäumen auf Phenolen, bei Nadelbäumen auf Terpenen basiert. Sie verhindert ein Vordringen von Luft und Pathogenen in den Stamm.

Bei einem stammparallelen Schnitt werden die Kragengewebe, innerhalb deren Grenzen die Schutzzone gebildet wird, entfernt. Die Folge sind Kompartimentierungsvorgänge im Splintholz des verletzten Stammes (s. Kapitel 2. 5. 2. 2) und das Stammkambium reagiert mit der Bildung einer Barrierezone (s. Kapitel 2. 5. 2. 4). Die Barrierezone stellt zwar eine Starke Grenze da, hat jedoch den Nachteil, dass sie das hinter ihr, weiter innen gelegene Holz, von der Energieversorgung abschneidet und schutzlos lässt. Dieses Holz verbraucht seine Energiereserven und es kommt oftmals zu einer ausgedehnten Zone von Holzfäule in diesem Bereich (SHIGO, 1990). In Abb. 11 sind die Sachverhalte zusammengefasst.

2. 6. 2. 5 Stammparalleler Schnitt und korrekter Schnitt

Stammparallele Schnitte **(Abb. 11)** sind schädlich, weil sie die im Astkragen gebildete Schutzzone des Baumes entfernen (1). Es bilden sich große Wundholzleisten (W), aber auch ausgedehnte Zonen von Holzfäule (R). Wenn korrekte Schnitte geführt werden (2), bildet sich ein Ring von Wundholz (D) und innerhalb des Astkragens entsteht eine Schutzzone. Die Zeichnungen (Abb. 11) zeigen zwei Astverbindungen einer Roteiche im Längsschnitt, nachdem Äste gleicher Größe mittels richtiger (2) und falscher (1) Schnitttechnik entfernt wurden. (S) ist das Splintholz und (H) das Kernholz (SHIGO, 1990).

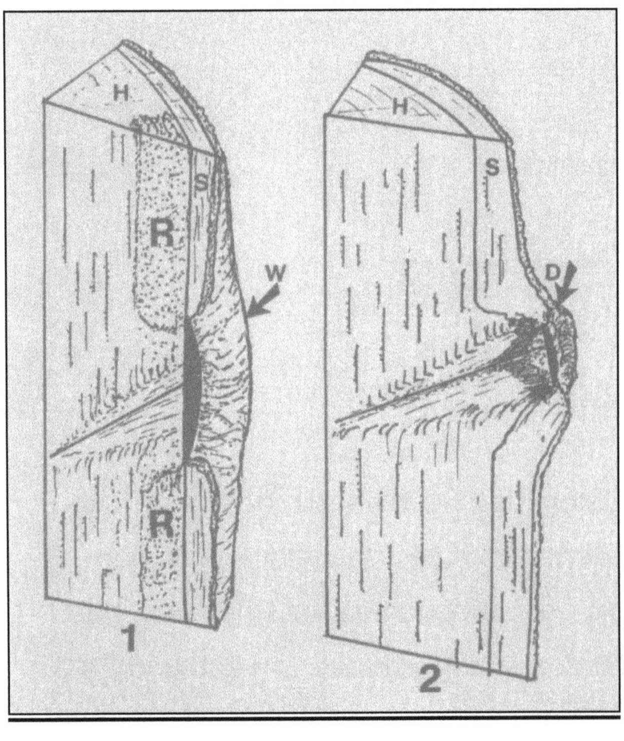

Abb. 11

Stammparalleler Schnitt (1) und korrekter Schnitt (2)

(Shigo, 1990)

2. 6. 2. 6 Überwallungsmuster nach dem Schnitt

Man vergleiche hierzu **Abb. 12**, „Zielpunkte für den korrekten Schnitt" und **Abb. 13**, „Überwallungsmuster nach dem Schnitt":
Werden korrekte Schnitte durchgeführt (Abb. 12 von A nach B) bildet sich ein geschlossener Ring von Kallus um die Schnittfläche (Abb. 13). Wenn der Astkragen entfernt wird (Abb. 12 von C nach D) bildet sich Kallus nur an den Seiten (Abb. 13). Wenn der Schnitt unten (Abb.12 von A nach D) oder oben (Abb. 12 von C nach B) geführt wird, bilden sich unvollständige Kallusringe (Abb. 13).

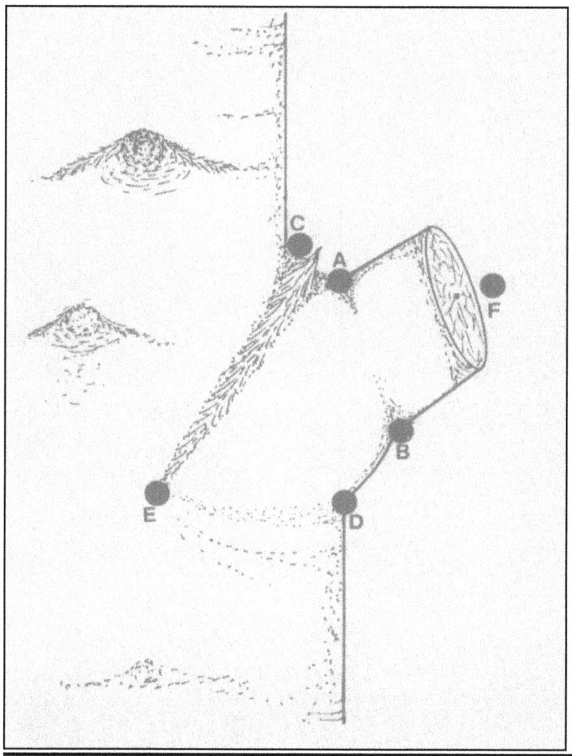

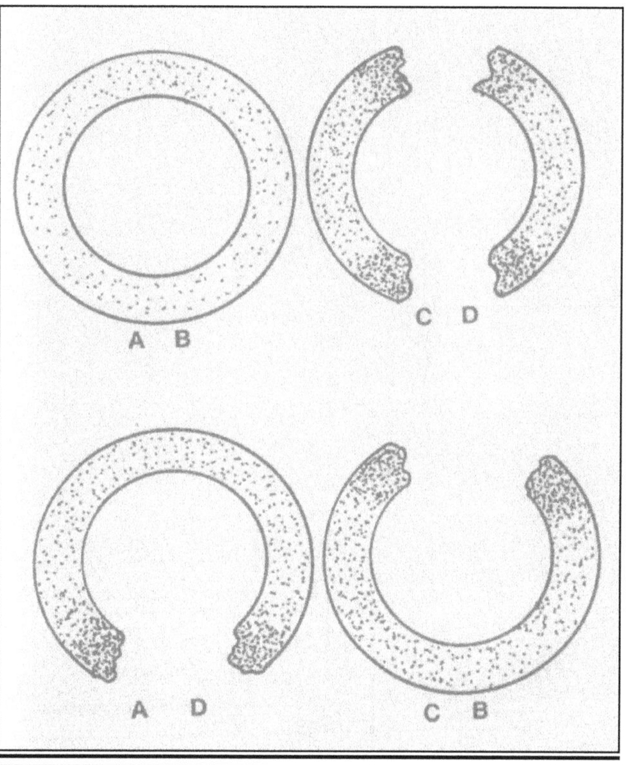

Abb. 12
Zielpunkte für den korrekten Schnitt
(Shigo, 1990)

Abb. 13
Überwallungsmuster nach dem Schnitt
(Shigo, 1990)

2. 6. 2. 7 Gleichwertige Triebe

Triebe ungefähr gleicher Größe und Wertigkeit, die von derselben Position am Stamm ausgehen, nennt man kodominant **(Abb. 14**, S. 22**)**. Wenn die Astrindenleiste nach außen weist, haben die Triebe eine feste Verbindung zueinander (A). Wenn die

Astrindenleiste nach innen weist, liegt eine schwache Verbindung, sprich eingewachsene Rinde vor (B). Der Hauptfaktor für die Stärke der Triebe ist nicht ihr Winkel zueinander, sondern die Art ihrer Verbindung. Die Wahrscheinlichkeit, Verbindungen vom Typ B zu erhalten, steigt jedoch mit zunehmender Verengung des Winkels (SHIGO, 1990). Kodominante Achsen sollten um der Stabilität und Sicherheit willen daher bei jungen Bäumen rechtzeitig entfernt werden.

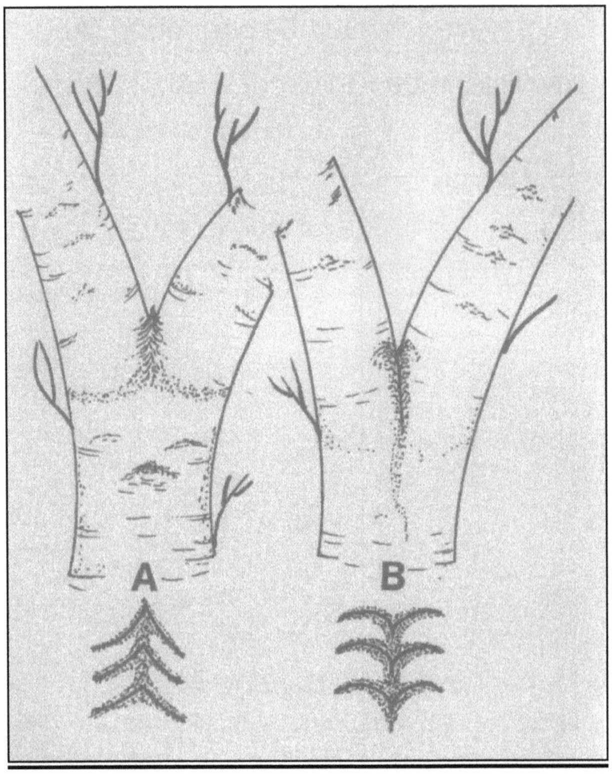

Abb. 14
Gleichwertige Triebe
(Shigo, 1990)

Ergänzend sei hierzu gesagt, dass kodominante Achsen ihrem Ursprung nach Äste sein können, wenn sich die beiden Achsen aus Seitenknospen entwickeln (z. B. bei Ausfall des Terminaltriebes bei gegenständiger Blattstellung). Die Bezeichnung kodominanter Trieb ist daher oftmals nur als Hinweis auf einen starken Ast zu sehen. Ebenfalls kann es vorkommen, dass nur einer der beiden Triebe seinem Ursprung nach ein Ast ist, während der Andere anatomisch den Stamm darstellt.

Bei absolut kodominanten Trieben existieren keine Kragen, wie bei normalen Ästen, die im Zuge der Umfangserweiterung wie beschrieben an ihrer Basis im Stamm ein-

wachsen. Vielmehr „stoßen“ die Gewebe der jeweiligen Achse im Gabelbereich aneinander.
Bleibt einer der beiden Triebe in seinem Wachstum hinter dem Anderen zurück, so werden dessen Gewebe an der Basis von denen des begünstigten Triebes überwachsen und es kommen Kragen auf.

Für die im nachfolgenden Kapitel vorgestellte Schnittmethode spielt es keine Rolle ob starker Ast oder kodominanter Trieb, - der wie oben beschrieben anatomisch Ast oder Stamm sein kann-, da die Schnitte im Bereich der aufkommenden Kragen bzw. erhöhter Kambiumaktivität geführt werden.

Um die Sache nicht komplizierter zu machen als sie eigentlich ist, wird nun bei der Beschreibung der Schnittmethode die zu schneidende Achse gemeinhin zusammenfassend als Ast bezeichnet, die verbleibende als Stamm. Die baumanatomischen und baumphysiologischen Merkmale werden dabei individuell für jeden einzelnen zu schneidenden Ast voll berücksichtigt.

2. 6. 2. 8 Das Problem mit Aststummeln

Ein Aststummel kann aufgrund der bereits beschriebenen Anatomie und Physiologie der Äste (s. Kapitel 2. 6. 2) nicht mehr mit Assimilaten versorgt werden und stirbt ab (bei Nichtwiederaustrieb). Es kommt zur Aktivierung der Astschutzzone (s. Kapitel 2. 6. 2. 4), welche einem Vordringen von Luft und Pathogenen in den Stamm entgegenwirkt. Der Stummel bildet vor seinem Tod keine Kompartimente. Er schottet seine Gewebe nicht ab (siehe vor allem Kapitel 2. 5. 2. 2) und bietet vor allem holzzersetzenden Pilzen eine optimale Nahrungsgrundlage ohne Hindernisse. Das Inokulumpotential aus einem verfaulenden Aststumpf übt einen ständigen Druck auf die Astschutzzone aus, mit der Gefahr diese zu überwinden. Kallus bildet sich im Bereich der Kragen, der Stummel verhindert jedoch ein zügiges Überwallen der Wunde (SHIGO, 1986, 1990).

3. Schnittmethode für kragenschwache, lebende Äste ohne eingewachsene Rinde in der Gabelung

3. 1 Problematik bei falscher Astung

1. Beim stammparallelen Astungsschnitt wird nicht nur der Ast entfernt, sondern zusätzlich das Gewebe des Stammes verletzt, was zu Stammdefekten und einer Vergrößerung der Schnittfläche führt. Eine Überwallung der Schnittfläche erfolgt in der Regel nur von den Seiten (SHIGO, 1990).

2. Werden Aststummel hinterlassen bildet sich in der Regel kein wundverschließendes Gewebe direkt um die Schnittfläche. Die Stummel verhindern ein zügiges Überwallen der Wunde und bieten potentielle Eintrittspforten für Holzpathogene (SHIGO, 1986).

Um die unter Punkt 1 und Punkt 2 beschriebene Probleme zu vermeiden, gilt es beim Schneiden der Äste auf den natürlichen Zielpunkt zu achten. Als solcher gilt die als Astkragen bezeichnete wulstige Verdickung an der Basis zwischen Ast und Stamm. Der Astkragen stellt eine wichtige Schutzzone für den Baum dar (SHIGO, 1986, 1990).

Der richtige Schnitt wird so nahe wie möglich am Astkragen geführt ohne diesen zu verletzen. Es bildet sich dann ein geschlossener Ring von Wundholz um die Schnittstelle (SHIGO, 1986, 1990). Das Problem hierbei ist, dass bei den meisten Ästen der Astkragen nicht oder nur schwer zu erkennen ist (kragenschwache Äste), was eine Bestimmung des richtigen Schnittverlaufs schwierig macht.

In den folgenden Kapiteln wird eine neu entwickelte Schnittmethode für kragenschwache, lebende Äste ohne eingewachsene Rinde in der Astgabelung beschrieben, praktisch angewendet und die Ergebnisse dargestellt.

3. 2 Beschreibung der neu entwickelten Schnittmethode

3. 2. 1 Anleitung zur Anwendung der neu entwickelten Schnittmethode

Die neue Schnittmethode ist speziell für kragenschwache, lebende Äste ohne eingewachsene Rinde in der Astgabelung entwickelt worden.
Nach der neuen Schnittmethode wird der ungefähre Verlauf der „aufkommenden Kragen“* bzw. die Schnittstelle im Bereich „erhöhter Kambiumaktivität“*, die zur Bildung eines geschlossenen Wundholzrings wichtig ist und eine schnelle Überwallung gewährleistet, bestimmt. Dies geschieht wie folgt (Vergleiche hierzu **Abbildung 15** (S. 26), Ringelborke* und **Abbildung 16** (S. 26), längsrissige Borke*):

1. Bestimmen der Summe von Stamm- und Astdurchmesser mit einer Kluppe/Schieblehre (Linie B und A zwischen den Punkten 1 und 2 und 3 und 4). Gemessen wird horizontal (bei Ringelborke, Abb. 15, Linie A und B, Klammern bei Punkt 2 und 4) bzw. im rechten Winkel (bei längsrissiger Borke, Abb. 16, jeweils Winkel an Linie A und B) zum Verlauf des Rindenbildes in die Astgabel, direkt neben die aufgestauchten, aufgeschwemmten Gewebebereiche der Astrindenleiste, im Anschluss an die jeweiligen Achsen (Punkt 1 und 3).
   Die Stauchbereiche der Astrindenleiste (zwischen Punkt 1 und 3) dürfen nicht mitgemessen werden.
   Der Punkt in der Gabel (Punkt 3), direkt neben dem Stauchbereich der Astrindenleiste, im Anschluss an den Ast, markiert den oberen Ansatzpunkt für den Schnitt.

2. Man ziehe die Schenkel der Kluppe auf die ermittelte Summe (Strecke A + B zwischen den Punkten 3 und 4 und 1 und 2) auseinander und schiebe anschließend die Kluppe entlang des dazwischenliegenden Stammes von unterhalb des Astes nach oben. Ab einem bestimmten Punkt bleiben die beiden Schenkel der Kluppe an den jeweiligen Außenseiten von Stamm und Ast hängen (Punkt 5 und 6).

(* Siehe Begriffserläuterungen, S. 28)

Als nächstes wird die Kluppe so ausgerichtet, dass ihr Stiel (Linie C) und das Zentrum der Astrindenleiste (Linie D) einen rechten Winkel ergeben (Winkel an Linie C und D) und die beiden Schenkel jeweils Stamm- und Astaußenseite berühren (Punkt 5 und 6).
Der Schenkelpunkt an der Außenseite des Astes markiert den unteren Zielpunkt für den Astungsschnitt (Punkt 6).
Der Schnittverlauf (Linie E) erfolgt vom oberen Zielpunkt (Punkt 3) zum unteren Zielpunkt (Punkt 6).

Merke: Bei den meisten Ästen ist der Verlauf der Astrindenleiste auf beiden Seiten der Achsen gleichmäßig, das heißt, man kann auch von der anderen Seite der Gabelung den Schnittverlauf bestimmen. Der untere Zielpunkt (Punkt 6) ändert sich dadurch nicht oder nur unwesentlich.

Weisen die Astrindenleisten jedoch starke Abweichungen voneinander auf und liegen die unteren Schnittpunkte bei Messungen weit auseinander, so nehme man diejenige Astrindenleiste, bei welcher der untere Schnittpunkt tiefer liegt (weiter zur Basis hin).

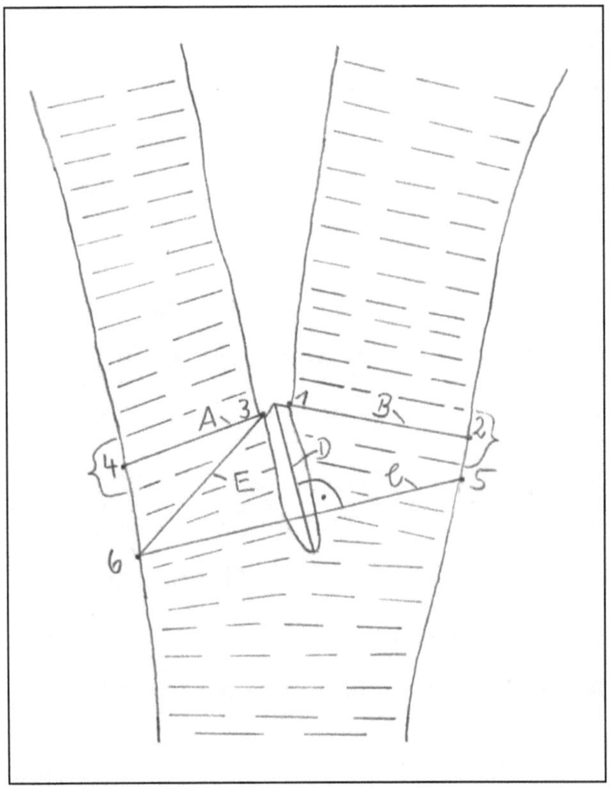

Abb. 15

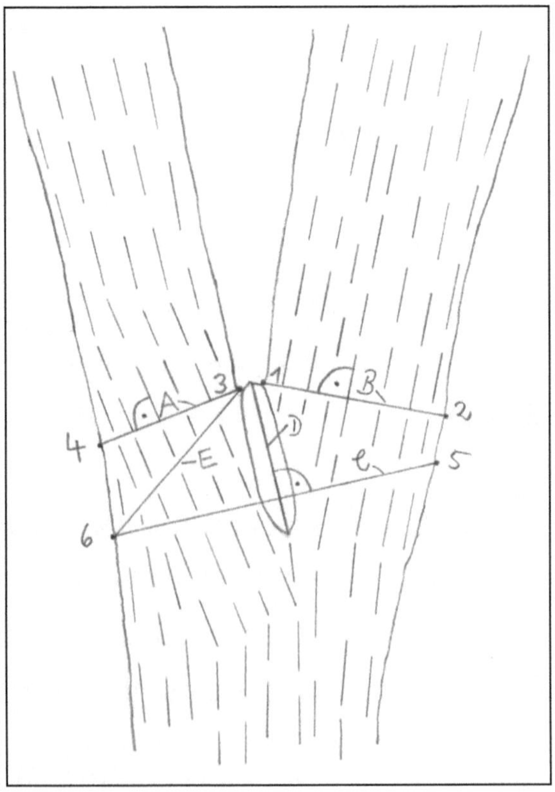

Abb. 16

Die hier beschriebene Schnittmethode gilt für folgende Äste:

Die Schnittmethode gilt für kragenschwache, lebende Äste ohne eingewachsene Rinde in der Gabelung und die zu entfernende Achse sollte nicht stärker sein, als die Verbleibende (bis maximal gleich stark).

Der Vorteil gegenüber anderen Schnitttechniken liegt darin, dass erstmals der Schnittverlauf individuell für jeden einzelnen Ast ermittelt wird, gemessen an dessen anatomischen Merkmalen. Die Theorie hierzu wird in Kapitel 3. 3 vorgestellt. Die unterschiedlichen Äste haben auch einen unterschiedlichen Schnittverlauf.

Die Technik ist einfach, schnell und sicher anzuwenden und kann für den Baumpfleger eine wichtige Orientierungshilfe zum Bestimmen des baumanatomischen und baumphysiologischen günstigen Schnittverlaufs sein.
Auch kann sie im forstlichen Bereich praktiziert werden, wenn es darum geht bei Wertastungsmaßnahmen, speziell im Laubholz, vor allem bei der Entnahme von Starkästen und Zwieseln (gleichstarke Achsen), Stammdefekte zu vermeiden.

Die wirtschaftliche Anwendung erstreckt sich somit auf die Bereiche Baumpflege, Forst, Obstbau, Baumschule, u.a.

Die hier beschriebene Schnittmethode gilt nicht für folgende Äste:

Äste, bei denen sich der Kragen bereits dick und wulstig über die Astbasis geschoben hat, - siehe Pfeile in **Abb. 17** (S. 28) -, dürfen mit dieser Methode nicht geschnitten werden, weil dann die überstehenden Kragen hin und wieder verletzt werden.

Die zu entfernende Achse sollte nicht stärker sein, als die Verbleibende (bis maximal gleich stark), da sonst der Schnittverlauf oftmals nicht mehr im baumanatomisch günstigen Rahmen liegt.

Bei gegenständigen Ästen kann es sein, dass beim Verschieben und Ausrichten der Kluppe der obere Schenkelpunkt auf die Höhe der Astbasis des gegenüberliegenden Astes fällt. In diesem Fall findet die Schnittmethode keine Anwendung.

Des Weiteren darf keine eingewachsene Rinde in der Astgabelung vorhanden sein.

Abb. 17

Begriffserläuterungen

Bereich des aufkommenden Kragens: Bereich erhöhter Kambiumaktivität, in dem neues, junges Stammkragengewebe über die Astbasis wächst und sich vom übrigen Gewebe mit zunehmender Deutlichkeit abzuheben beginnt.

Bereich erhöhter Kambiumaktivität: Bereich, in dem nach dem Schnitt Kalluswachstum rundum die Schnittfläche ermöglicht wird und ein sauberes, zügiges Überwallen der Wunde gewährleistet ist. Fällt in der Regel in den Bereich des aufkommenden Kragens.

Längsrissige Borke und Ringelborke: Diese Begriffe stehen in diesem Fall nicht für Borkentypen im eigentlichen botanischen Sinne, sondern spiegeln lediglich ein Rindenbild wieder, das bei der Anwendung der neuen Schnittmethode zur Durchmesserbestimmung von Ast und Stamm, berücksichtigt wird. Dieses Rindenbild kann axial, längs (längsrissige Borke) oder horizontal (Ringelborke) ausgerichtet sein. Gute Orientierungspunkte dabei sind entsprechend der o. g. Borkentypen, bes. bei jungen Bäumen, die jeweils längs bzw. horizontal verlaufenden Lentizellen.

3. 2. 2 Praktische Anwendungsbeispiele der neu entwickelten Schnittmethode

In **Abbildung 18** (S. 31) markiert Linie A den Durchmesser des Astes, Linie B den des Stammes.

Die Linien verlaufen im rechten Winkel zum Rindenbild (hier längsrissige Borke) und stellen den Kluppenstiel dar.

In der Gabel markieren die Linien die inneren Punkte direkt neben dem Stauchbereich der Astrindenleiste, dem 1. Ansatzpunkt (Kluppenschenkel 1) für die Messung des Durchmessers der jeweiligen Achse.

Die äußeren Punkte der Linien an der jeweiligen Außenseite der beiden Achsen bilden den 2. Ansatzpunkt (Kluppenschenkel 2) für die Messung des Durchmessers der jeweiligen Achse.

Die Schenkel der Kluppe werden auf die Summe der Durchmesser von A und B auseinandergezogen und die Kluppe im Anschluss soweit entlang des dazwischenliegenden Stammes nach oben verschoben, dass ihr Stiel, dargestellt durch Linie C, im rechten Winkel zum Zentrum der Astrindenleiste (Zentrum des Stauchbereichs), Linie D steht und die beiden Schenkel der Kluppe an die Außenseite der beiden Achsen (Ast und Stamm) stoßen, äußere Punkte der Linie C.

Der Pfeil zeigt auf den äußeren, unteren Punkt der Linie C, auf den von Punkt A in der Gabel, (neben dem Stauchbereich der Astrindenleiste im direkten Anschluss an den Ast), in gerader Linie zugeschnitten wird.

Es kann auch vom unteren Schnittpunkt zum oberen Schnittpunkt geschnitten werden.

Abbildung 19 (S. 31) zeigt noch einmal das Bild aus Abb. 18.

Die Schenkel der Kluppe stoßen an die Außenseiten von Ast und Stamm und die Kluppe lässt sich nicht weiter nach oben verschieben.

Das Zentrum der Astrindenleiste steht im rechten Winkel zum Kluppenstiel.

Der Ansatzpunkt des Kluppenschenkels links im Bild markiert den unteren Schnittpunkt.

Abbildung 20 (S. 31) zeigt das Verfahren nach der technischen Umsetzung (an Abb. 18; 19).

Zu achten ist auf die genaue Schnittführung vom oberen Zielpunkt in der Gabel zum unteren Zielpunkt, siehe äußerer, unterer Punkt der Linie C, auf den der Pfeil verweist.
Wichtig ist ein gerader Schnitt, der seitlich nicht abkippt.

Abbildung 21 (S. 32) zeigt noch einmal die gestauchten, aufgeschwemmten Bereiche der Astrindenleiste (innerhalb der weißen Markierung), die in diesem Beispiel in der Gabelung deutlich größer ausfallen als in dem Beispiel zuvor (Abb. 18-20).
Wie bereits beschrieben werden die Durchmesser der einzelnen Achsen jeweils jenseits der gestauchten Bereiche der Astrindenleiste gemessen, in diesem Beispiel horizontal (schwarze Linie an Ast und Stamm) zum Rindenbild (Ringelborke).
Der obere Astungsschnittpunkt liegt in der Gabelung, direkt im Anschluss an den Stauchbereich der Astrindenleiste neben dem Ast (auf der weißen Markierung an der Oberseite des Astes).
Der untere Astungsschnittpunkt wird wie beschrieben bestimmt.

Abbildung 22 (S. 32) zeigt die Abb. 21 nach dem Schnitt.

Die **Abbildungen 23** (S. 32) und **24** (S. 33) zeigen weitere Beispiele vor und nach dem Schnitt.
Die schwarzen Linien an den Achsen zeigen noch einmal den Messverlauf zum Rindenbild.
Die äußeren, rechten und linken Punkte jeder Linie bilden die Ansatzpunkte für die Kluppenschenkel zur Ermittlung des Durchmessers der jeweiligen Achse.

(Abb. 18-20= Stiel-Eiche (Quercus robur); Abb. 21 u. 22=Vogelkirsche (Prunus avium); Abb. 23=Stiel-Eiche; Abb. 24=Vogelkirsche)

Abb. 18

Abb. 19

Abb. 20

Abb. 21

Abb. 22

Vorher Abb. 23 Nachher

Vorher Abb. 24 Nachher

3. 3 Die Theorie zur neu entwickelten Schnittmethode

Die Theorie zur neu entwickelten Schnittmethode lässt sich am verständlichsten anhand der Zeichnung, **Abbildung 25** (S. 35), erläutern:
Dargestellt ist hier wie in Abb. 9 (S. 18) von SHIGO (1990) die Verbindung von Ast- und Stamm, nur mit zusammengeschobenen Zuwachsringen.

Die Felder 1, 2, 3 zeigen die jährlichen Stammkragen, welche die Astkragen umschließen.
Die Astrindenleiste markiert den gestauchten Bereich (Felder 4 und 5), an dem Stamm- und Astgewebe aufeinander treffen und somit den Verlauf der Oberseite des in den Stamm eingewachsenen Astes von seinem Ursprung im Stamm bis in die Gabelung.

Die Oberseite des Astes beginnt direkt neben dem Stauchbereich der Astrindenleiste im Anschluss an den Ast, dem oberen Ansatzpunkt für den Astungsschnitt (Pfeil). Wie der untere Schnittpunkt (Punkt U3) bestimmt wird, wurde bereits ausführlich beschrieben.
Theoretisch fällt dieser untere Schnittpunkt in den Bereich des unteren, äußeren Endpunktes des Stammkragens und somit in den baumanatomisch und baumphysiologisch günstigen Bereich für den unteren Schnittzielpunkt.
Die Theorie geht nunmehr davon aus, dass sich im Zuge der jährlichen Umfangserweiterung von Ast (Strecke A1, A2, A3) und Stamm (Strecke S1, S2, S3), der jeweils untere, äußere Endpunkt des Stammkragens (Punkte U1, U2, U3), unter Berücksichtigung der Strecke der Durchmessersumme von Ast und Stamm (gestrichelte Linien AS1, AS2, AS3), im rechten Winkel zum Zentrum der Astrindenleiste (Linie D) weiter nach außen über die Astbasis schiebt.
Es gilt zu bedenken, dass es sich hierbei nur um eine graphische Ansicht handelt. In der Regel fallen der untere Astungsschnittpunkt und der untere, äußere Endpunkt des aufkommenden Kragens nicht genau zusammen (Punkt U 3). Hier kommt es im Normalfall zu leichten Abweichungen, bei denen der untere Astungspunkt in der Regel etwas höher liegt als der untere, äußere Endpunkt des Kragens. Der untere Schnittpunkt liegt jedoch in der Regel auch bei stärkerer Abweichung noch im Einflussbereich des aufkommenden Kragens bzw. fällt in einen Bereich erhöhter Kambiumaktivität, welche die Bildung eines geschlossenen Wundholzrings gewährleistet.

Abbildung 26 (S. 35) zeigt die Innenansicht einer in Längsrichtung zum „Faserverlauf“ aufgespalteten Ast-Stamm-Verbindung einer Roßkastanie. Die rote Linie zeigt den Schnittverlauf nach der neu entwickelten Schnittmethode. Der untere Schnittpunkt fällt in den Bereich des aufkommenden Stammkragens, - siehe rechter, äußerer Punkt der grauen Markierung-, wie am Verlauf der Gewebe zu erkennen ist. Oberhalb der grauen Markierung befinden sich die Gewebe des Astes, unterhalb der grauen Markierung beginnen die Gewebe des Stammes.

Abbildung 27 (S. 35) zeigt die Ast- Stammverbindung aus Abb. 26 von außen mit abgelöster Rinde. Der Gewebeverlauf lässt den aufkommenden Kragen erkennen, welcher sich rechts der roten und grauen Linie befindet. Der Schnittverlauf nach der neuen Schnittmethode wird durch die rote Linie markiert, deren unteres, äußeres Ende in den Bereich des aufkommenden unteren Endpunktes des Kragens, - siehe unterer, äußerer Punkt der grauen Markierung-, fällt.

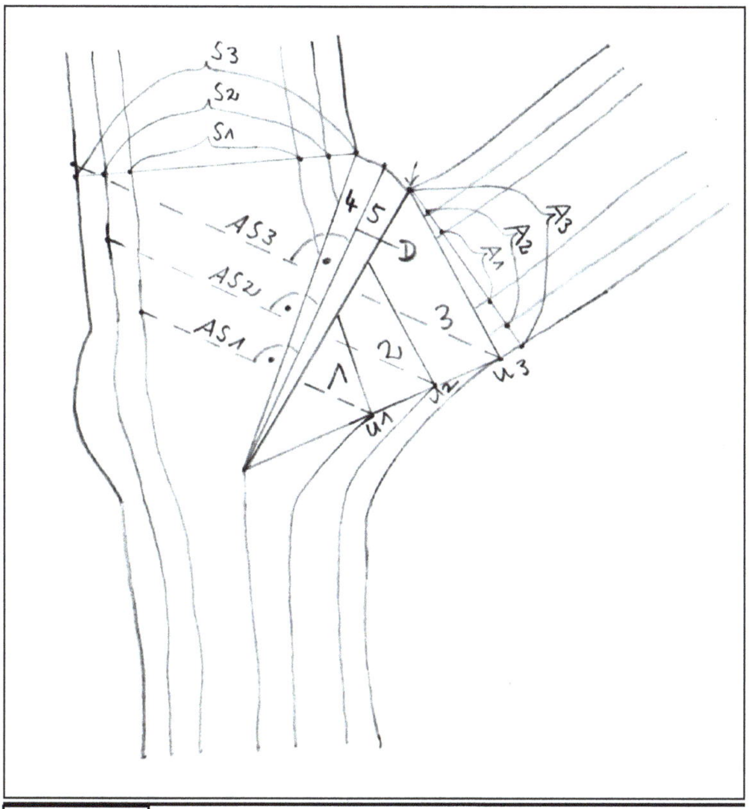

Abb. 25

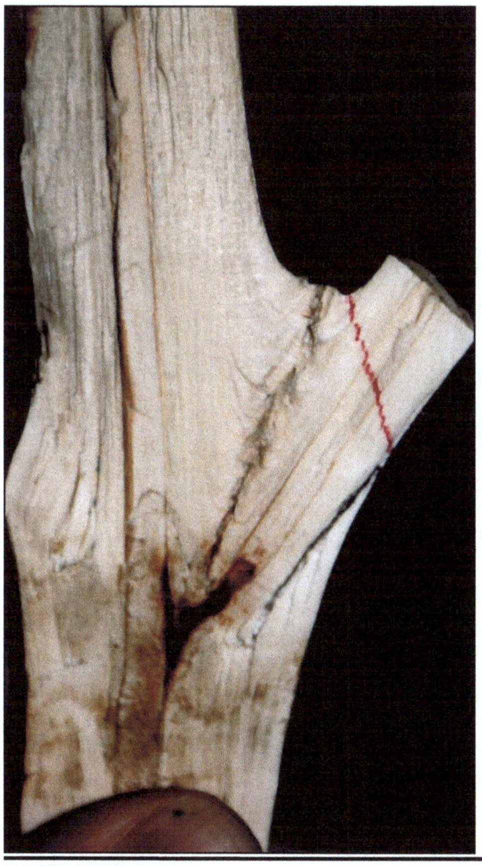

Abb. 26

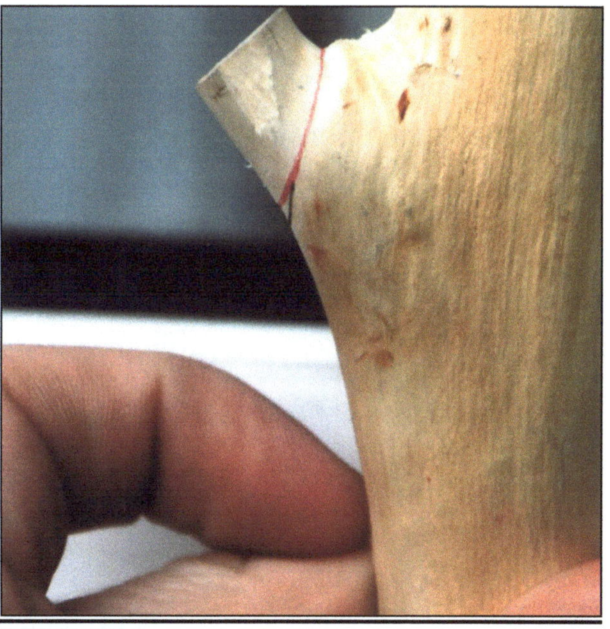

Abb.27

4. Praktische Anwendung der neu entwickelten Schnittmethode

4. 1 Methodik, Astungszeitpunkt, Baum- und Standortsdaten

Die in Kapitel 3 ausführlich beschriebene neu entwickelte Schnittmethode wurde an einer Versuchsreihe an 20 jährigen Stiel- Eichen und 15 jährigen Vogelkirschen praktisch angewandt. Dabei wurden im Zeitraum vom 16.-30. März 2002 Astungsschnitte an kragenschwachen Ästen ohne eingewachsene Rinde in der Gabelung durchgeführt.

Wie bereits erwähnt (s. Kapitel 2. 6. 2. 5 und 2. 6. 2. 6) ist das Maß für den korrekten Schnitt nach SHIGO (1990), ein geschlossener Kallusring um die Schnittfläche, welcher sich innerhalb einer Vegetationsperiode bilden soll. Nach diesem Kriterium werden die Ergebnisse der Versuchsreihe bewertet und festgestellt, ob die neue Schnittmethode zum Bestimmen des anatomischen und baumphysiologischen günstigen Schnittverlaufs geeignet ist oder nicht. Die Methode wird als geeignet bezeichnet, wenn mindestens 80 % der Proben in jeder Stärkeklasse nach einer 5 Monate andauernden Vegetationszeit einen geschlossenen Kallusring aufweisen.

Die Flächen mit den Versuchsbäumen befinden sich im Privatwald von Buttlar in den Forstrevieren Elbenberg (Abteilung 27, 29) und Ziegenhagen (Abteilung 27).
Beim Versuchskollektiv handelt es sich um junge, vitale, starkastige (zwieselige) Bäume auf wüchsigen Standorten.
Während die Kirschbäume überwiegend im Freistand erwachsen (Solitäre) und bei großer Assimilationsoberfläche (große Kronen) ein Maximum an Zuwachs leisten, liegt bei den Eichen im weitgehenden Bestandesschluss doch eine bei vielen Bäumen nicht unerhebliche Bedrängungssituation vor, was bei verminderter Assimilationsoberfläche (kleinere Kronen), eine geringere Zuwachsleistung gegenüber Solitären zur Folge hat. Der Mangel an geeigneterem Versuchsmaterial ließ hier jedoch keine andere Auswahl zu.

Es wurden insgesamt 63 Äste (an 45 Bäumen) abgeschnitten. 33 an Stiel-Eichen und 30 an Vogelkirschen. Um beim Schneiden ein Einreißen der Rinde unter dem

Ast zu vermeiden wurde im ersten Arbeitsschritt zunächst gestummelt und im Zweiten der Stummel entfernt. Aufgrund des sehr kurzen Versuchszeitraumes von nur einer Vegetationsperiode (Wachstumszeit ca. 5 Monate), wurden sicherheitshalber die Schnittflächen mit einer dünnen Schicht Wundverschlussmittel (Bayleton) verstrichen, um das erhöhte Risiko des Zurücktrocknens des Wundrandkambiums bei Winterschnitt zu vermindern.

Nach ihrem Stärkeverhältnis (in %) zum Durchmesser der Stammachse wurden die Äste in 3 Stärkeklassen unterteilt: Mittlere Äste (Klasse 1), starke Äste (Klasse 2) und Zwiesel (kodominante Achsen) (Klasse 3).
Zusätzlich wurde die Versorgungsleistung des Astes (in %) für die unter ihm gelegenen Gewebe des Stammes ermittelt. Diese ergibt sich aus dem Verhältnis der Aststärke (Astdurchmesser) zur Durchmessersumme von Ast und Stamm. Die Durchmesserermittlung von Ast und Stamm erfolgte wie in Kapitel 3. 2. 1 beschrieben.

Es erfolgte eine gleichmäßige Streuung durch alle Stärkeklassen, deren Festlegung willkürlich durch die Dreiteilung des Gesamtkollektivs erfolgte.
Da Eiche und Kirsche aufgrund der Knappheit geeigneter Versuchsbäume der beiden Arten zusammen bewertet wurden, entfielen somit 21 Äste auf jede Stärkeklasse. Leider liegt keine gleichmäßige Verteilung von Eichen- und Kirschbaumästen pro Stärkeklasse vor.
Die genauen Daten des Kollektivs sind der **Tabelle 1** (S. 39-40) zu entnehmen.

<u>Beispiel zur Berechnung des Stärkeverhältnisses des Astes in % zur Stammachse (s. Daten in Tabelle 1)</u>

Durchmesser Stamm: 12, 5 cm
Durchmesser Ast: 8, 0 cm

⇨ 12, 5 cm =100 % 8x 100=800:12, 5=<u>64,0%</u>
8, 0 cm = x %

D. h: Der Ast hat 64 % der Stärke des Stammes.

Beispiel zur Berechnung der Versorgungsleistung des Astes in % (s. Daten in Tab. 1)

Durchmesser Stamm: 12, 5 cm

Durchmesser Ast: 8, 0 cm

⇨ 12, 5+8, 0=20,5

⇨ 20, 5 cm =100% 8x100=800:20,5=39, 02%

8, 0 cm = x %

D. h: Rund 39 % der Gewebe des Stammes unter dem Ast werden vom Ast versorgt.

4. 2 Werkzeuge und Material

Als Arbeitswerkzeug zur Durchführung der Schnittmethode diente, wie schon in Kapitel 3. 2.1 erwähnt eine Kluppe und eine Schieblehre. Ist man sich seines Augenmaßes unsicher, kann zum sicheren Ausrichten der Kluppe im rechten Winkel zur Astrindenleiste, ein Winkel oder ein Geodreieck verwendet werden.

Des Weiteren ist Kreide zum Anzeichnen des zuvor bestimmten unteren Schnittpunktes (s. Kapitel 3. 2. 2) empfehlenswert. Als Schnittwerkzeug dienen verschiedene handelsübliche Astungssägen und Astscheren (wegen der Kambiumquetschgefahr keine Ambossscheren verwenden). Das in unserem Fall verwendete Werkzeug und Hilfsmaterial war:

1. Kluppe, 2. Schieblehre, 3. Geodreieck, 4. Kreide, 5. Fuchsschwanz, 6. Wundverschlussmittel.

Tab.1: Stärkeklasseneinteilung der Äste des Gesamtkollektivs

Lfd. Nr.	B- Nr.	BA	Dm Stamm	Dm Ast	Vol.%	AKL	Standort	Vers.- Lstg.%	Ringe
1	7	Ki	10,4	2,0	19,23	1	EL	16,13	J
2	6A	Ki	12,5	2,5	20,00	1	EL	16,67	J
3	1A	Ki	16,0	3,3	20,63	1	**ZI**	17,10	J
4	13A	Ki	15,0	3,5	23,33	1	EL	18,92	J
5	10A	Ki	11,0	2,6	23,64	1	EL	19,11	J
6	27	Ei	14,0	3,8	27,14	1	EL	21,35	J
7	10B	Ki	11,0	3,0	27,27	1	EL	21,43	J
8	6B	Ki	13,4	3,7	27,61	1	EL	21,64	J
9	13B	Ki	13,2	3,7	28,03	1	EL	21,89	J
10	6	Ki	11,5	3,7	32,17	1	EL	24,34	J
11	1B	Ki	17,0	5,6	32,94	1	**ZI**	24,78	J
12	28	Ei	12,5	4,2	33,60	1	EL	25,15	J
13	11A	Ki	9,5	3,2	33,68	1	EL	25,20	J
14	10C	Ki	8,0	2,7	33,75	1	EL	25,23	J
15	1B	Ki	16,8	5,7	33,92	1	**ZI**	25,33	J
16	11B	Ki	8,8	3,0	34,09	1	EL	25,42	J
17	12	Ki	10,3	3,7	35,92	1	EL	26,43	J
18	6C	Ki	12,4	4,7	37,90	1	EL	27,49	J
19	22A	Ei	8,7	3,3	37,93	1	EL	27,50	J
20	14A	Ki	10,0	3,9	39,00	1	EL	28,06	J
21	18	Ki	9,0	3,6	40,00	1	EL	28,57	J
22	6D	Ki	10,7	4,3	40,19	2	EL	28,67	J
23	8	Ki	7,2	3,0	41,67	2	EL	29,41	J
24	8	Ei	12,3	5,2	42,27	2	EL	29,71	N
25	17	Ki	11,7	5,0	42,74	2	EL	29,94	J
26	13	Ei	11,3	5,0	44,25	2	EL	30,67	N
27	9	Ki	7,2	3,3	45,83	2	EL	31,43	J
28	14	Ei	11,4	5,3	46,49	2	EL	31,74	J
29	25	Ei	12,2	6,0	49,18	2	EL	32,97	J
30	19	Ei	10,0	5,0	50,00	2	EL	33,33	J
31	33	Ei	11,7	5,9	50,42	2	EL	33,52	J
32	2	Ei	10,4	5,3	50,96	2	**ZI**	33,76	J
33	30	Ei	9,5	5,0	52,63	2	EL	34,48	J
34	32	Ei	9,5	5,0	52,63	2	EL	34,48	J
35	12	Ei	8,3	4,7	56,63	2	EL	36,15	N
36	22B	Ei	8,1	4,8	59,26	2	EL	37,21	J
37	10D	Ki	7,8	4,7	60,26	2	EL	37,60	J
38	3	Ei	7,8	4,8	61,54	2	EL	38,10	J
39	4	Ei	10,4	6,4	61,54	2	EL	38,10	J
40	10	Ei	9,6	6,0	62,50	2	EL	38,46	N
41	1C	Ki	12,5	8,0	64,00	2	**ZI**	39,02	J
42	9	Ei	7,5	4,9	65,33	2	EL	39,52	J
43	1	Ei	10,8	7,1	65,74	3	EL	39,66	J
44	15	Ei	11,0	7,5	68,18	3	EL	40,54	J
45	5	Ei	9,0	6,4	71,11	3	EL	41,56	J
46	14B	Ki	6,6	4,7	71,21	3	EL	41,59	J
47	24	Ei	8,0	5,8	72,50	3	EL	42,03	J
48	31	Ei	10,2	7,5	73,53	3	EL	42,37	J
49	21	Ei	9,4	7,0	74,47	3	EL	42,68	J
50	26	Ei	7,3	5,5	75,34	3	EL	42,97	J

Lfd. Nr.	B- Nr.	BA	Dm Stamm	Dm Ast	Vol. %	AKL	Standort	Vers.- Lstg.%	Ringe
51	11	Ei	9,0	7,0	77,78	3	EL	43,75	J
52	11C	Ki	6,3	5,1	80,95	3	EL	44,74	J
53	18	Ei	6,8	5,6	82,35	3	EL	45,16	J
54	4	Ki	5,7	4,8	84,21	3	EL	45,71	J
55	1	Ki	7,9	6,7	84,81	3	EL	45,89	N
56	3	Ki	6,6	5,7	86,36	3	EL	46,34	N
57	2	Ei	7,4	6,4	86,49	3	EL	46,38	J
58	29	Ei	8,0	7,0	87,50	3	EL	46,67	J
59	6	Ei	8,2	7,2	87,80	3	EL	46,75	J
60	16	Ei	9,8	8,8	89,80	3	EL	47,31	J
61	5	Ki	6,0	5,4	90,00	3	EL	47,37	J
62	20	Ei	6,5	6,0	92,31	3	EL	48,00	J
63	17	Ei	10,4	9,8	94,23	3	EL	48,51	J

Spalte A = laufende Nummer

Spalte B = Baum-Nummer

Spalte C = Baumart; Ki=Kirsche; Ei=Eiche

Spalte D = Durchmesser des Stammes

Spalte E = Durchmesser des Astes

Spalte F = Stätkeverhältnis des Astes zur Stammachse

Spalte G = Standort; EL=Elbenberg; ZI=Ziegenhagen

Spalte H = Versorgungsleistung in % für die Gewebe unter dem Ast

Spalte I = Versorgungsleistung des Astes in %

Spalte J = Ringe vorhanden (nach einer Vegetationsperiode); J=Ja; N=Nein

4. 3 Ergebnisse

Das in drei Stärkeklassen mit je 21 Ästen eingeteilte Kollektiv, - insgesamt 63 Äste der Baumarten Stiel-Eiche und Vogelkirsche -, wies zum Ende des nur 5 monatigen Versuchszeitraumes, Anfang September folgende Ergebnisse auf:

In Stärkeklasse 1 waren keinerlei Ausfälle zu verzeichnen d. h. 100% der Proben, alle 21 Äste, wiesen geschlossene Kallusringe um die Schnittflächen auf.
In Stärkeklasse 2, waren es 81 %. Bei 17 von 21 Ästen waren hier die gewünschten Ringe vorhanden, 4 (allesamt Eichen) mussten negativ gewertet werden, wobei einer davon im Grenzbereich lag. Auf diesen Grenzbereich wird in Kapitel 4. 3. 1 anhand der Abb. 64-66 noch näher eingegangen.
In Stärkeklasse 3 waren rund 90 %, insgesamt 19 von 21 Ästen mit positivem Resultat. Es wurden hier 2 Ausfälle gewertet, beides Vogelkirschbaumäste, von denen einer im Grenzbereich lag (s. Abb. 64-66).
Das gesteckte Ziel von mindestens 80 % positiver Resultate in jeder Stärkeklasse wurde somit erreicht.
Insgesamt wurden von den 63 Ästen 57 positiv gewertet, das entspricht abgerundet rund 90% der Äste des Kollektivs.
Die genauen Daten, welche der Astverbindungen nach 5 Monaten Kallusringe aufwiesen sind der Tabelle 1 (S. 39/40) zu entnehmen.
SHIGO (1986,1990) weist auf das Phänomen hin, dass es besonders bei kodominanten Trieben, hauptsächlich in den Wintermonaten, auch nach korrektem Schnitt, hin und wieder in gewissem Umfang zum Absterben des Kambiums im unteren Bereich der Schnittfläche kommt. Gerade deshalb ist es erstaunlich, dass 90 % der behandelten Äste in Stärkeklasse 3 innerhalb von 5 Monaten bereits geschlossene Ringe aufwiesen. Dass bei diesen Ästen die Ringe im oberen und seitlichen Bereich zum Teil stärker aufliefen, als im unteren Bereich ist als normal zu werten.

Die nachfolgenden Abbildungen zeigen einige positive und negative Beispiele der Versuchsergebnisse, vor allem vor dem Schnitt, unmittelbar nach dem Schnitt und nach einer Vegetationsperiode. Die abgebildeten Äste sind nach ihrer Stärke im Verhältnis zur Stammachse aufsteigend, - die Vorher - Nachher - Präsentationen au-

ßerdem nach Baumarten getrennt -, geordnet. Bei den Abbildungen handelt es sich meist um Eichen. Da von den meisten Astverbindungen der Vogelkirschen keine Fotos vor dem Schnitt gemacht wurden, war hier eine „vor dem Schnitt"- Präsentation leider weitgehend nicht möglich.
Der fettgedruckten Abbildungsnummer unter den Abbildungen folgen die Baumnummer und das Kürzel des Standortes aus Tabelle 1 (S. 39/40)

4. 3. 1 Positive Ergebnisbeispiele

Die **Abbildungen 28 bis 54** (S. 43-47) zeigen Astverbindungen der Stärkelasse 2 und 3 der Baumart Eiche vor dem Schnitt, unmittelbar nach dem Schnitt und 5 Monate später.
Die **Abbildungen 55 bis 63** (S. 47-48) zeigen weitere Beispiele von Astverbindungen der Stärkelassen 1 bis 3 der Baumart Vogelkirsche.
An allen Schnittflächen beider Baumarten sind die geschlossenen Kallusringe deutlich zu erkennen.

Die **Abbildungen 64-66** (S. 49) zeigen die Astverbindung einer Kirsche vorher, nachher und 5 Monate später. Deutlich ist das minimale Zurücktrocknen des Kambiums im unteren Bereich der Schnittfläche in Abb. 66 zu erkennen (die überstehende Rinde wurde entfernt). Der grün-braune Streifen dort ist Kallusgewebe.
Man sollte nicht beunruhigt sein, wenn es nach der Astung solch starker Achsen gelegentlich zu derartigen Erscheinungen kommt. In unserem Beispiel kann man mit großer Wahrscheinlichkeit davon ausgehen, dass nach der zweiten Wachstumsperiode nichts mehr von dem geringen Schönheitsfehler zu sehen ist. Obwohl dieser Ast in der Statistik negativ gewertet wurde, sei es aufgrund vorgenannter Problematik, zur Demonstration ausnahmsweise gestattet ihn im Abbildungsteil als positiv zu präsentieren.

Weitere Kallusringe zeigen die **Abbildungen 67 bis 71** (S. 49-50) an Eiche und Kirsche, Stärkeklasse 1 und 2 *(Abb. 67=Eiche; Abb. 68=Kirsche; Abb. 69=Kirsche; Abb. 70=Eiche; Abb. 71=Eiche).*

Abb. 28/25-EL

Abb. 29/25-EL

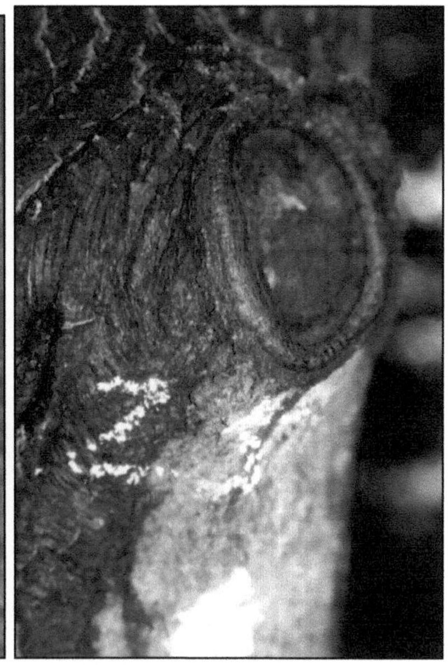

Abb. 30/25-EL

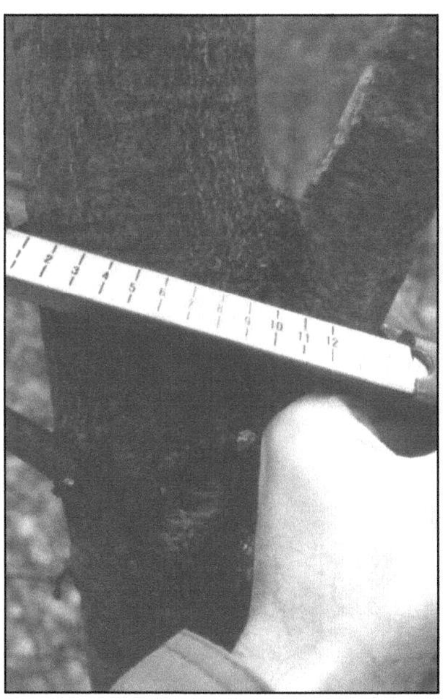

Abb. 31/19-EL

Abb. 32/19-EL

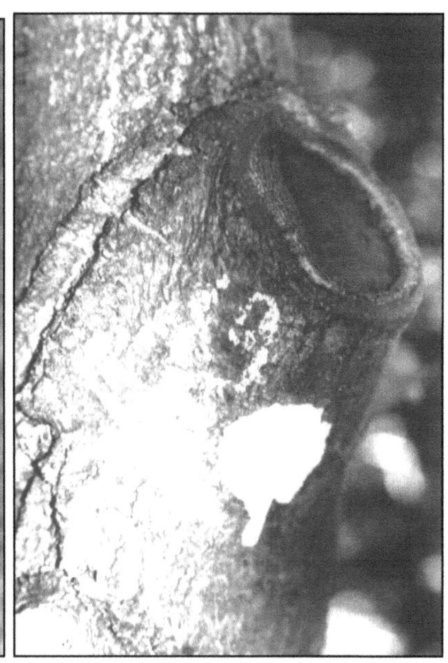

Abb. 33/19-EL

Abb. 34/9-EL

Abb. 35/9-EL

Abb. 36/9-EL

Abb. 37/3-EL

Abb. 38/3-EL

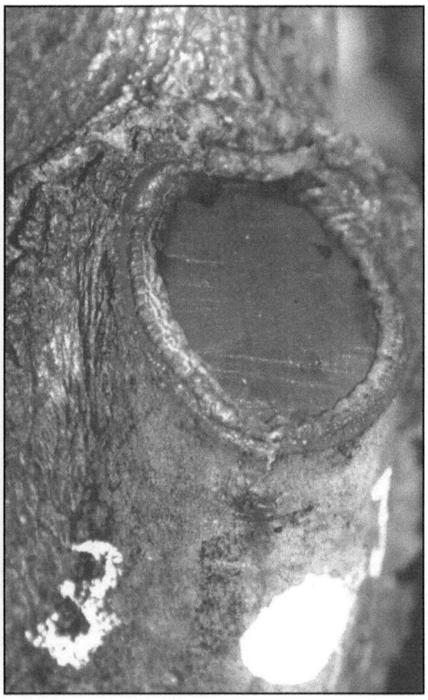

Abb. 39/3-EL

Abb. 40/1-EL

Abb. 41/1-EL

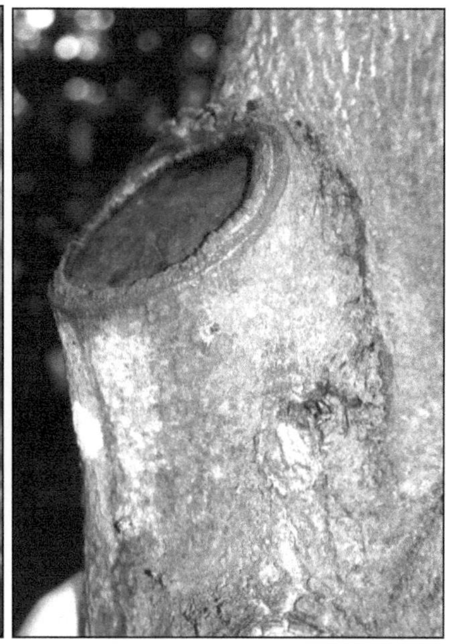

Abb. 42/1-EL

Abb. 43/31-EL

Abb. 44/31-EL

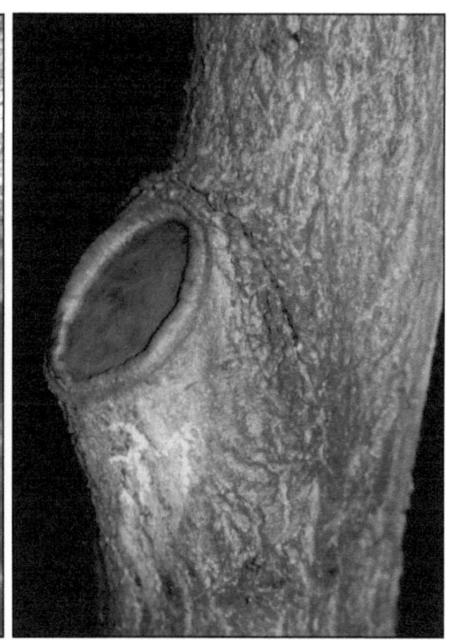

Abb. 45/31-EL

Abb. 46/26-EL

Abb. 47/26-EL

Abb. 48/26-EL

Abb. 49/2-EL

Abb. 50/2-EL

Abb. 51/2-EL

Abb. 52/20-EL

Abb. 53/20-EL

Abb. 54/20-EL

Abb. 55/1B-ZI

Abb. 56/1B-ZI

Abb. 57/1B-ZI

Abb. 58/1C-ZI

Abb. 59/1C-ZI

Abb. 60/1C-ZI

Abb. 61/4-EL

Abb. 62/4-EL

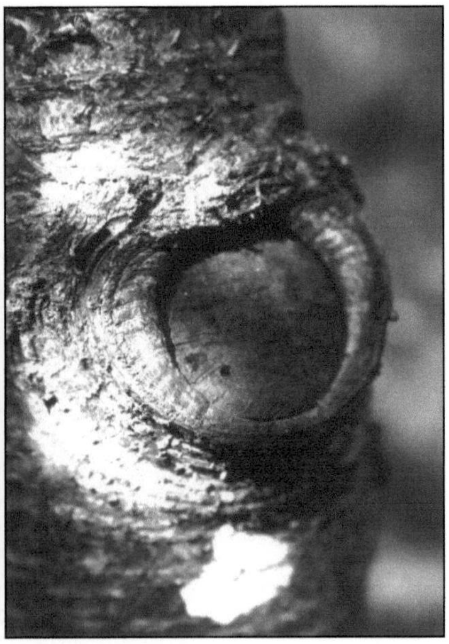

Abb. 63/4-EL

Abb. 64/1-EL

Abb. 65/1-EL

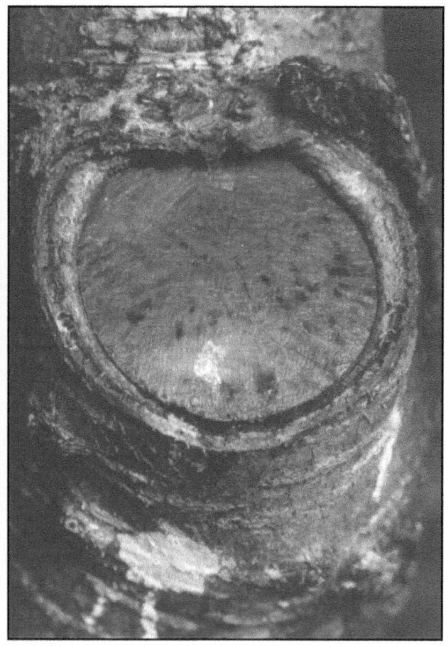

Abb. 66/1-EL

Abb. 67/27-EL

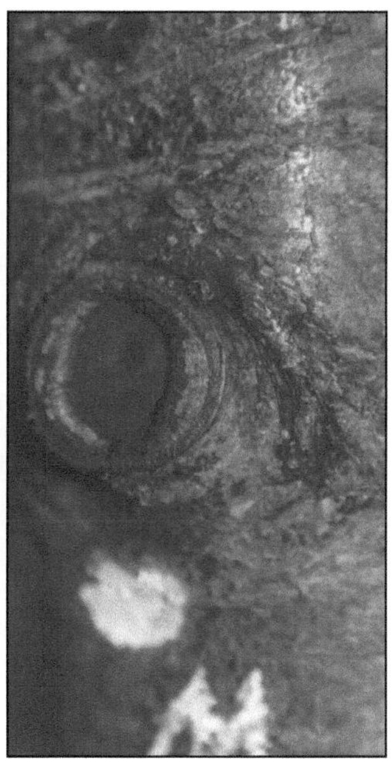

Abb. 68/11-EL

Abb. 69/17-EL

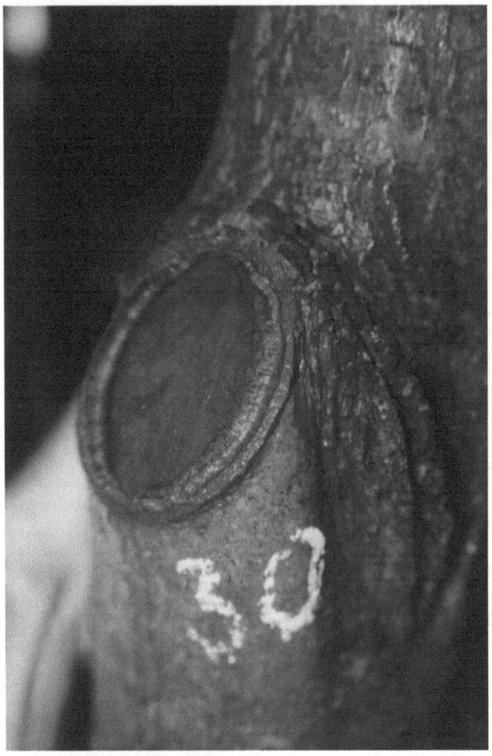

Abb. 70/30-EL

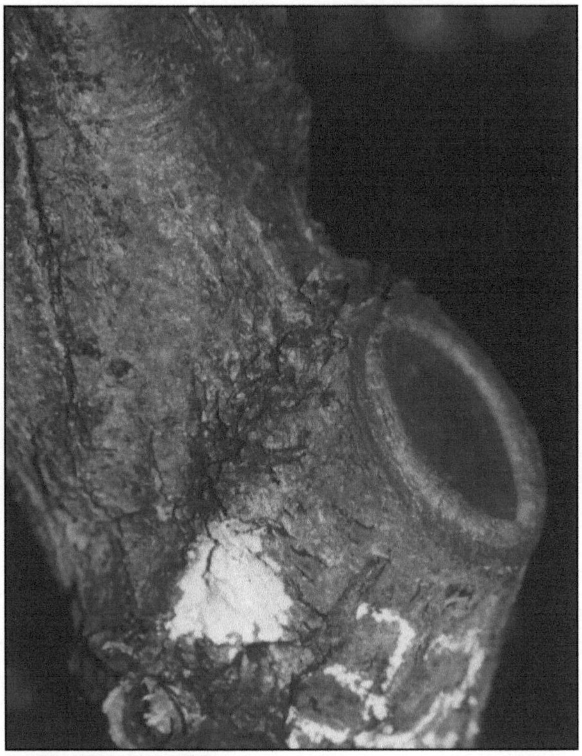

Abb. 71/32-EL

4. 3. 2 Negative Ergebnisbeispiele

Die **Abbildungen 72 bis 74** (S. 51) zeigen die Astverbindung einer Eiche gemäß vorliegendem Präsentationsmuster. In Abb. 74 ist nur im oberen Drittel des Randbereichs der Schnittfläche Kallus zu erkennen. Der gesamte restliche Bereich des Wundrandkambiums ist zurückgetrocknet.

Abbildung 75 bis 77 (S. 51), Baumart Eiche: In diesem Beispiel ist, - wenn überhaupt -, in Abb. 77 nur bei genauster Betrachtung oben und an den Seiten ein leichtes Aufkommen von Kallus zu erkennen, im unteren Bereich jedoch nicht.

Abbildung 78 bis 80 (S. 52), Baumart Eiche: Hier ist wie in Abb. 64-66 ein weiterer Grenzfall zu verzeichnen. In Abb. 80 ist im oberen und seitlichen Randbereich deutlich Kallus zu sehen, der untere Rand ist leicht zurückgetrocknet. Vermutlich wird nach der nächsten Vegetationsperiode davon nichts mehr zu sehen sein.

Die **Abbildungen 81 und 82** (S. 52) zeigen die Schnittfläche eines Kirschbaumzwiesels unmittelbar (Abb. 81) und 5 Monate nach dem Schnitt (Abb. 82). Nach dem Entfernen der vertrockneten Rinde ist der Blick freigegeben auf das deutlich zurückgetrocknete Kambium im unteren Drittel der Schnittfläche.

In **Abbildung 83** (S. 53), Baumart Eiche, hat sich nach 5 Monaten noch überhaupt kein Kallus um die Schnittfläche gebildet. Der gesamte Wundrandbereich ist zurückgetrocknet.

Abb. 72/8-EL

Abb. 73/8-EL

Abb. 74/8-EL

Abb. 75/13-EL

Abb. 76/13-EL

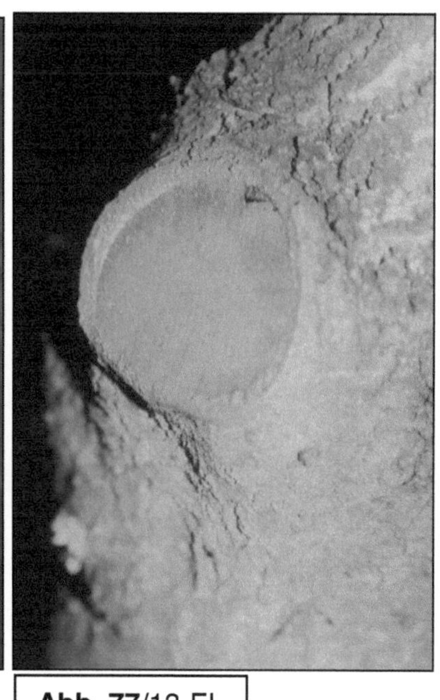

Abb. 77/13-EL

Abb. 78/10-EL

Abb. 79/10-EL

Abb. 80/10-EL

Abb. 81/3-EL

Abb. 82/3-EL

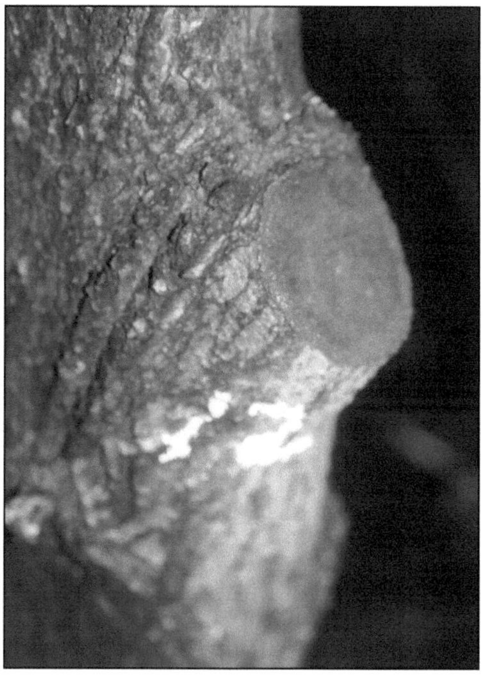

Abb. 83/12-EL

4. 4 Diskussion

Die Versorgungsintensität des Astes gibt eine Vorstellung darüber, welche Rolle der einzelne Ast für die Versorgung des Baumes spielt, wie hoch die Versorgungsleistung des Astes für die unter ihm gelegenen Gewebe ist.

Die Versorgungsleistung ist jedoch nicht gleichzusetzen mit der Entbehrlichkeit eines Astes in einem Baum, deren Beurteilung bei der Baumpflege mit von zentraler Bedeutung ist. Die Entbehrlichkeit eines im Verhältnis zur Stammachse starken Astes ist bei jungen Bäumen unverhältnismäßig höher als bei alten Bäumen. Dies ist ein wesentlicher Punkt: Alte Bäume, die ihren Hauptzuwachs schon geleistet bzw. den größten Teil ihrer Biomasse bereits produziert haben, sind weit weniger flexibel durch Rückschnitt verlorengegangene Teile großer Dimension durch Zuwachs an anderer Stelle wieder zu ersetzen.
Junge Bäume wie sie auch das Versuchskollektiv darstellen sind hingegen in der Lage mit Hilfe der richtigen Schnittführung selbst Zwieselschnitte an der Hauptachse

mit 50 % und mehr Verlust an Oberflächensubstanz ohne Schäden zu kompensieren. Dies geschieht durch die Produktion neuer Teile, den Ersatz an Assimilationsfläche an anderer Stelle und ein verschließen der Schnittflächen in verhältnismäßig kurzem Zeitraum.

Die Entbehrlichkeit von Starkästen bei älteren Bäumen ist nicht Gegenstand dieser Arbeit. Deren Abschottungsproblematik nach Schnitt, im älteren Splintholz, Kern - und Reifholz, in Kombination mit einer hohen Überwalldauer der Schnittflächen würde den Rahmen dieser Arbeit sprengen. Es liegt daher auch weiterhin im Ermessen des Baumpflegers, was hier aus baumbiologischer und baumphysiologischer Sicht möglich ist und was nicht. Die neu entwickelte, hier angewandte Schnittmethode, gibt hierzu eine erfolgversprechende Schnittführung für kragenschwache, lebende Äste ohne eingewachsene Rinde in der Gabelung an. Der Wundholzring steht nach SHIGO (1986, 1990) sowohl für eine gute, zügige Überwallung der Schnittfläche, als auch für eine gute Abschottung der Wunde.

Es bleibt jedoch zu bedenken, dass endgültigen Aufschluss über die Qualität der Abschottung, den Grad der Holzverfärbung im Stamminneren, nur ein Zerlegen des Stammes, am besten nach vollständigem Verschließen der Schnittfläche, erbringen kann.

Auf Einschränkungen in der Anwendbarkeit der Schnittmethode/Schnitttechnik wurde bereits in Kapitel 3. 2. 1 hingewiesen. Sie seien nachfolgend noch einmal erwähnt:

1. Es ist darauf zu Achten, dass Äste, bei denen sich der Kragen bereits deutlich erkennbar, dick und wulstig über die Astbasis geschoben hat, mit dieser Methode nicht geschnitten werden, weil dann die überstehenden Kragen hin und wieder verletzt werden. Bei solchen Ästen ist der Schnittverlauf ohnehin einfach makroskopisch zu bestimmen. Sie stehen daher nicht zur Diskussion.

2. Die zu entfernende Achse sollte nicht stärker sein als die Verbleibende (bis maximal gleich stark), da sonst der Schnittverlauf oftmals nicht mehr im baumanatomisch günstigen Rahmen liegt.

3. Bei gegenständigen Ästen kommt es des Öfteren vor, dass beim Verschieben und Ausrichten der Kluppe der obere Schenkelpunkt auf die Höhe der Astbasis des gegenüberliegenden Astes fällt, was eine Anwendbarkeit der Schnittmethode technisch ausschließt.

4. Des Weiteren darf keine eingewachsene Rinde in der Astgabelung vorhanden sein, da das Verfahren hier fehlerbehaftet ist.

Ein deutlicher Vorteil gegenüber anderen Schnitttechniken für kragenschwache Äste, liegt darin, dass erstmals die Schnittführung für jeden einzelnen Ast, gemessen an dessen anatomischen Merkmalen, individuell ermittelt wird. Die Schnitte fallen in den Bereich der aufkommenden Kragen, ohne jedoch diese zu verletzen und ermöglichen hier bei erhöhter Kambiumaktivität eine gute Abschottung und ein sauberes, zügiges Überwallen der Schnittfläche in Form eines Wundholzringes innerhalb kurzer Zeit. Zumindest bei dem Versuchskollektiv der Baumarten Eiche und Kirsche sind die Ergebnisse sehr positiv ausgefallen.

Wenn man davon ausgeht, dass die Anatomie der Äste, die Position der aufkommenden Kragen (vergleiche hierzu Kapitel 3. 3) bei den meisten Baumarten gleich oder ähnlich ist, so ist in diesem Zusammenhang auch der statistische Fehler zwei Baumarten gemeinsam bewertet zu haben, - in unserem Fall Stiel-Eiche und Vogelkirsche-, eher vernachlässigbar.

Es ist daher davon auszugehen, dass die neue Schnittmethode auch bei vielen anderen Baumarten die gewünschten Ergebnisse bringt, was für die Zukunft zu Testen bleibt. Dabei sollte auf jeden Fall die Anzahl der Proben um einer höheren Genauigkeit willen heraufgesetzt und der Versuchszeitraum auf 3 Vegetationsperioden (ca. 15 Monate Vegetationszeit) gestreckt werden. Letzteres, wegen der Problematik des leichten Zurücktrocknens des Wundrandkambiums im unteren Bereich der Schnittfläche bei bestimmten Ästen (s. Kapitel 4. 3. 1, Abb. 66) und des langsamen Wachstums mancher Bäume aufgrund verschiedener Einflüsse, z. B. einer Bedrängungssituation (wie sie im vorliegenden Fall für den größten Teil des Eichenkollektivs zu verzeichnen war).

Die Technik ist sehr erfolgversprechend, einfach, schnell und sicher anzuwenden. Die Methode gibt dem Baumpfleger eine wichtige Orientierungshilfe zum Bestimmen des baumanatomischen und baumphysiologischen günstigen Schnittverlaufs. Zudem ermöglicht sie dem Privatmann die Astung des Baumes im eigenen Garten selbst in die Hand zu nehmen.
Auch kann sie im forstlichen Bereich eine Rolle spielen, wenn es darum geht bei Wertastungsmaßnahmen, speziell im Laubholz, vor allem bei der Entnahme von Starkästen und Zwieseln (gleichstarke Achsen), Stammdefekte zu vermeiden.

4. 5 Zusammenfassung

Umfangreiche Studien belegen, dass zahlreiche in der Literatur beschriebene Schnitttechniken zum Abschneiden lebender Äste schädlich für den Baum sind, da sie entweder zu Stammdefekten führen oder Aststummel hinterlassen, welche am Baum verfaulen und zahlreichen Pathogenen den Weg in den Stamm ermöglichen. Der korrekte Schnittverlauf zum Abschneiden lebender Äste ohne die Gewebe des Stammes zu verletzen und ohne zu Stummeln wird durch die Position des Astkragens bestimmt, an welchem der Schnitt so nahe wie möglich geführt wird, ohne diesen zu verletzen (nach SHIGO, 1986, 1990).

Bei den meisten Ästen ist jedoch der Astkragen nicht oder nur schwer zu erkennen, was eine Bestimmung des richtigen Schnittverlaufs schwierig macht.
Für diese sogenannten „kragenschwachen" Äste wurde unter Berücksichtigung der anatomischen und baumphysiologischen Merkmale eine neue Schnittmethode entwickelt, mit der, der ungefähre Verlauf der aufkommenden Kragen bzw. die Schnittstelle im Bereich erhöhter Kambiumaktivität, welche für eine gute Abschottung und Bildung eines geschlossenen Kallusrings um die Schnittfläche wichtig ist, bestimmt. Bildet sich nach dem Schneiden der Äste der o. g. Kallusring bei 80 % der Äste des behandelten Kollektivs, so ist die Methode als positiv zu werten.

Die neu entwickelte Schnittmethode wurde an 63 Ästen der Baumarten Stiel-Eiche und Vogelkirsche praktisch angewandt.

Die Ergebnisse zeigen:

In Stärkeklasse 1 (mittelstarke Äste) waren keinerlei Ausfälle zu verzeichnen, d. h alle 21 behandelten Äste wiesen geschlossene Kallusringe um die Schnittflächen auf.

In Stärkeklasse 2 (starke Äste), waren 81 % der behandelten Äste mit positivem Resultat. Bei 17 von insgesamt 21 Ästen waren hier die gewünschten Ringe vorhanden, 4 (allesamt Eichen) mussten negativ gewertet werden.

In Stärkeklasse 3 (kodominante Achsen) waren 90 %, insgesamt 20 von 21 Ästen, mit positivem Resultat. Zwei Ausfälle, beides Vogelkirschen, waren zu verzeichnen.

Das gesteckte Ziel, bei mindestens 80 % der behandelten Äste in jeder Stärkeklasse positive Ergebnisse zu erzielen, wurde damit erreicht.

Fazit: Die neue Schnittmethode für kragenschwache, lebende Äste ohne eingewachsene Rinde in der Gabelung ist einfach, schnell und sicher für jedermann anwendbar. Die Methode wurde an Stiel-Eiche und Vogelkirsche mit großem Erfolg getestet. Insgesamt waren abgerundet 90 % der 63 Proben, das entspricht 57 Äste, mit positivem Resultat. Es ist davon auszugehen, dass die neue Schnittmethode auch bei vielen anderen Baumarten die gewünschten Ergebnisse bringt.

Literaturverzeichnis

BAUCH, J., ET AL. 1980 — Wound effects in the xylem of acer and betula species. Holzforschung 34.

BIGGS, A. R., 1985 — Suberized boundary zones and the chronology of wound response in the bark. Phytopathol. 75.

BIGGS, A. R., 1987 — Occurrence and location of suberin in wound reaktion zones in xylem of 17 tree species. Phytopathol. 77.

BODDY, L. UND RAYNER A. D. M, 1983 — Origins of decay in living deciduous trees: the role of moisture content and a re-appraisal of the expanded concept of tree decay. New Phythol. 94.

BRAUN, H. J., 1998 — Bau und Leben der Bäume. 4. Auflage Rombach, Freiburg im Breisgau.

CHOVANEC, O. UND KORYTAROVA, O., 1985 — Prozess der Gefäßverstopfung der Birke (Orig. slowak.). Lesn. Cas. 31.

DUJESIEFKEN, D., 1995 — Wundbehandlung an Bäumen. Thalacker, Braunschweig.

HUDLER, G. W., 1984 — Wound healing in bark of woody plants. J. Arboricult. 10.

JURASEK, L., 1958 — Der Einfluss der Holztemperatur und Holzfeuchtigkeit auf die Thyllenbildung bei der Buche. Drev. Vyskum 3.

LIESE, W. UND
DUJESIEFKEN, D., 1995 Reaktionen von Bäumen auf Verletzungen. Stadt und Grün 37.

MOORE, K. E., 1978 Barriere-zone formation in wounded stems of sweetgum. Can. J. Forest. 8.

PARAMESWARAN, N.
ET AL. 1985 Electron microscopic demonstration of a suberised layer in the tylosis wall of beec and oak. Iawa Bulletin 6.

PEARCE, R. B., 1990 Occurrence of decay-associated xylem suberization in a range of woody species. Eur. J. For. Path. 20.

PEARCE, R. B. UND
HOLLOWAY, P. J., 1984 Suberin in the sapwood of oak (Quercus robur L.): its composition from a compartmentalization barrier and its occurrence in tyloses in undecayed wood. Physiol. Pl. Pathol. 24.

PEARCE, R. B. UND
RUTHERFORD, J., 1981 A wound-associated suberized barrier to the spread of decay in the sapwood of oak (Quercus robur L.) Physiol. Pl. Pathol. 19.

RADEMACHER, P.
ET AL., 1984 Characteristics of xylem formed after wounding in Acer, Betula and Fagus. IAWA Bull. n. s. 5.

RAVEN, P. H. ET AL., 1988 Biologie der Pflanzen. 2. Auflage, De Gruyter, Berlin; New York.

SCHMITT, U. UND LIESE, W., 1990 — Wound reactions of the parenchyma in Betula. IAWA Bulletin 11.

SCHMITT, U. UND LIESE, W., 1997 — Zellreaktionen im Splintholz von Laubbäumen nach Verletzungen. In: DUJESIEFKEN, D. und KOCKERBECK, P. (Hrsg.) Jahrbuch der Baumpflege.

SCHWARZE, F. W. M. R. ET AL., 1999 — Holzzersetzende Pilze in Bäumen. Rombach, Freiburg im Breisgau.

SHARON, E. M., 1973 — Some histological features of Acer saccharum wood formed after wounding. Can. J. Forest. Res. 3.

SHIGO, A. L., 1986 — Die Neue Baumbiologie. Thalacker, Braunschweig.

SHIGO, A. L., 1990 — Moderne Baumpflege. Thalacker, Braunschweig.

SHIGO, A. L. UND MARX, H. G., 1977 — Compartimentalization of decay in trees. USDA For. Serv., Agric. Inf. Bull. 405.

TIPPET, T. J. UND SHIGO, A. L., 1980 — Barrier zone anatomy in red pine roots invaded by Heterobasidion annosum. Can. F. Bot. 30.

TROCKENBRODT, M., 1991 — Qualitative structural changes during bark development in Quercus robur, Ulmus glabra, Populus tremula and Betula pendula. IAWA Bulletin 12.

TROCKENBRODT, M. UND
LIESE, W., 1991 Untersuchungen zur Wundreaktion in der Rinde von Populus tremula L. und Platanus x acerifolia (Ait.) Willd. Angew. Bot. 65.

WAGENFÜHR, R., 1999 Anatomie des Holzes. 5. Auflage, DRW, Echterdingen.